我们穷尽一生都在寻找爱与幸福，却依然不断地受到亲近之人的无形伤害。那些脱口而出的"玩笑话"，那些无心的嘲讽眼神，那些自己也看不到的控制欲，像暗流在双方之间涌动，使两颗心渐行渐远。

　　这本书送给依然相信爱和渴望被爱的你，当你注意到了你的情感状态，当你开始学着改变，你们的心就会慢慢拉近。

　　爱是一生的修炼，愿你终成正果。

这真的
是你的错吗

如何识别和摆脱情感暴力

［日］加藤谛三　著

井思瑶　译

民主与建设出版社
·北京·

© 民主与建设出版社，2021

图书在版编目（CIP）数据

这真的是你的错吗 /（日）加藤谛三著；井思瑶译
. -- 北京：民主与建设出版社，2021.7
ISBN 978-7-5139-3588-3

Ⅰ . ①这… Ⅱ . ①加… ②井… Ⅲ . ①心理语言学
Ⅳ . ① B842.5

中国版本图书馆 CIP 数据核字 (2021) 第 112744 号

Original Japanese title: MORAL-HARASSMENT NO SHINRI
Copyright ©2015 Taizo Katou
Original Japanese paperback edition published by Daiwa Shobo Co., Ltd.
Simplified Chinese translation rights arranged with Daiwa Shobo Co., Ltd.
through The English Agency (Japan) Ltd. and Shanghai To-Asia Culture
Communication Co., Ltd.

著作权合同登记号　图字：01-2021-5331

这真的是你的错吗

ZHE ZHENDE SHI NIDE CUO MA

著　　者	［日］加藤谛三
译　　者	井思瑶
责任编辑	郭丽芳　周　艺
封面设计	violet
出版发行	民主与建设出版社有限责任公司
电　　话	（010）59417747　59419778
社　　址	北京市海淀区西三环中路 10 号望海楼 E 座 7 层
邮　　编	100142
印　　刷	北京盛通印刷股份有限公司
版　　次	2021 年 10 月第 1 版
印　　次	2021 年 10 月第 1 次印刷
开　　本	880 毫米 ×1230 毫米　1/32
印　　张	7
字　　数	130 千字
书　　号	ISBN 978-7-5139-3588-3
定　　价	38.00 元

注：如有印、装质量问题，请与出版社联系。

目 录
CONTENTS

作者序　是爱还是害？　/ 01

序　章　我们都是情感冲突的局中人 / 001

第一章　"情感习惯"的本质与伤害 / 023

第二章　看不见的伪装：情感暴力的表现 / 057

第三章　无意识的欺骗：关系价值的心理机制 / 103

第四章　无法自立的灵魂：受害者的内心世界 / 145

第五章　为自己的人生负责 / 191

后记　万千烦恼都有它的心理根源 / 211

作者序
是爱还是害?

最理想的父母,是真心爱护子女的父母。

其次,是不爱子女自己也意识到这件事的父母。

最坏的,则是并不爱自己的孩子,却认为自己深爱着子女的父母。

当然比最坏更恶劣的就是,在情绪上虐待子女,却深信自己是爱着他们的父母。这样的父母常常以爱的名义对孩子施以情感暴力。

著名社会心理学家埃里希·弗洛姆称这样的人为善意的施虐者。著有众多精神分析著作的卡伦·霍妮称这种行为为"虐爱"。①

---

① 卡伦·霍妮,《未知的卡伦·霍妮》,耶鲁大学出版社,2000年,第126页。

在现今的日本社会中，这样的父母为数众多。

类似这样的情感暴力，并不只局限于亲子关系，夫妻之间、朋友之间，乃至公共场所中随处可见。

这就是这本书要讨论的主题——情感暴力。有情感暴力倾向的人常常会站在"我都是为你好"的道德制高点上。

"我都是为你好"这句话就像一把心锁，会束缚对方的内心，成为控制对方的武器。

情感暴力的加害者常常会认为自己正在做一件道德高尚的事情，实际却是在折磨对方的身心。他们一边满足自己施虐的冲动，一边自诩为圣人。

他们认为自己即正义，是因为这种施虐的行为披上了"爱"的外衣。他们常常意识不到自己的行为并非出于爱，而只是为了满足自己的掌控欲。

无论是父母、夫妻还是上下级关系，出现这种情况，实际上都是出于对自己的绝望，想让对方变成自己理想中的样子而已。

最难分辨的是，他们用弱小去包装这种暴力的时候。比如，当他们说："只要我多牺牲一点，就可以了吧？"

虐待如果以虐待本身的面貌示人反而比较简单。但是，当虐待伪装成了道德观念，问题就变得复杂了。施虐者、受虐者、旁观的第三者都会很难分辨其真伪。所以，他们才会像白蚁一样，在旁人的不知不觉中腐蚀了日本社会。

　　现今的日本，不会因为经济原因或是遭受外部攻击而崩溃。但是，被这些如白蚁般的施虐者侵蚀，从内部崩坏的可能性却极大。

　　弗洛姆曾这样评价会实施精神虐待的父母："他们戴着以道德为名的面具，束缚子女对生活本身的渴望。"① 日本现今的年轻人非常没有朝气，缺失对生活本身的追求，很大程度上与此有关。

---

① 埃里希·弗洛姆，《爱的艺术》，哈珀出版社，1956年，第52页。

序　章

我们都是情感冲突的局中人

什么是"善意的操控"?

　　人与人的关系,有时单纯,有时复杂。

　　有一种人,表面上并没有做什么冒犯别人的事,也没说什么冒犯别人的话,甚至看上去很有礼貌,做事也周到。但是,不知道为什么,和这样的人在一起的时候并不会心情愉悦,反而会觉得很累。

　　这样的人绝对不会和人起正面冲突,但是话语中总是透露着批判、攻击、控制、要求,等等。这就是所谓的**间接性攻击**,也称**防御性攻击**。

　　他们总是说:"只要你觉得幸福,我可以接受。"实际上,却在默默地用这句话控制对方,给对方的心上枷锁。有时候,这句话的背后还隐藏着满满的敌意。

　　表面上是"只要你觉得幸福,我可以接受",但是背后隐藏的是"只要我幸福，你变怎样我都无所谓"。

但是，无论是说的人，还是听的人，都没有注意到这件事，只是常常会觉得无法和对方坦然相处。和这样的人在一起，总会觉得很压抑。

这里说的"善意的操控"就是这么一回事。以善意为名，控制对方的内心。被控制的一方明明受到了对方的"攻击"，却往往难以抗拒。弗洛姆称这样的人为善意的施虐者，卡伦·霍妮称这种行为为虐爱。

这就是本书要说的情感暴力的一个重要方面。如果没有特别说明，本书所说的情感暴力是指拥有迎合型人格障碍的情感暴力，亦即隐藏自己的敌意和攻击性，用爱的语言去束缚、虐待、折磨对方，包括善意的操控、情感威胁、虐爱、神经性的爱情渴望等。

攻击型人格的情感暴力会直接攻击对方，所以很容易理解。而善意的操控因为隐藏了敌意，从外表上很难分辨。

在本书中，我们将善意的操控视为情感暴力的最根本特征。

善意的操控虽然常常难以反驳，却会在被操控的人心里留下深深的不愉快感。

如果父母是善意的施虐者，那么他们就会在向子女施虐的同时，希望被子女尊重，希望在子女眼中保持成功的形象。在夫妻之间、上下级之间也有类似的情况。所以，人际关系常常会变成错综复杂的善意的操控。

简单来说，本书的主题是"看不见的束缚""看不见的心锁"。

渐渐无法理解自己的感受

孝是一种美德。如果父母直接对孩子说："你应该更孝敬我一点。你必须更珍惜你的父母！你简直就是个不孝之人！你这样是会遭到报应的！"孩子很容易就从中感受到支配或束缚，像这样会直接表达控制欲的父母一般都是攻击型人格的人。

但是，拥有迎合型人格障碍的人，无法直接说出这样的话。因此，会滋生出虐爱。他们在表面上会说"什么事情都由着你，我怎样都可以"。但是，其中却隐藏着另一层含义："一定要照顾我啊，不过这可不是我要求的，是你想孝敬我才这样做的，你想要成为孝子吧？那就绝对不可以离开我。"

美国著名精神科医生弗瑞达·弗罗姆－瑞茨曼有一句名言："自我牺牲型的献身来源于强烈的依赖心理。"看上去像是为了对方竭尽全力，实际上是在用这种行动去束缚对方。看上去像是为了对方可以牺牲自我，实际上却在慢慢折磨着对方，最终同归于尽。

被束缚、被掌控的那一方，如果想逃离这种掌控，反而会产生强烈的自责，于是渐渐地对逃离掌控、获得自由怀有负罪感。这就像蝴蝶跌入了蜘蛛的巢穴，苦苦挣扎却毫无办法。

给对方强加上负罪感，是情感暴力的加害者的目的。这样被掌控的一方会渐渐对自身的存在产生愧疚感，只能一直小心翼翼地活着。

因为总是受到隐藏的威胁，所以他总是畏首畏尾，身心都无法得到舒展。虽然自己并不知道原因，但是总是不能保持轻松愉快的心情，不知道为什么就是常常感到心情很沉重。

喜欢以恩人、施舍者自居的人就是如此，他会频频展示自己的付出，让对方因此而怀有负罪感。让对方时常怀着内疚的心情，在亏欠感中生活。

也就是说，情感暴力的受害者会被讨厌的人所操控。然而，这种"讨厌"常常是无意识的，甚至在浅层意识上会产生喜欢对方的错觉。

明明是讨厌，却因为被"善意"地操控而不自知。长此以往，就会变成**无法理解自己真实感受**的人。

不知道自己喜欢什么、讨厌什么、想做什么事、不想做什么事，最后会变得踟蹰不前，对生活绝望。

为什么人际关系变得这样复杂?

被脸上写满敌意的人说："我最讨厌你这样的人。"这是最简单、最直接的人际关系。说的人很直接，被说的人也可以直接反击："我也很讨厌你这样的人。"

但是，当面对别人说"我都是为你好，只是希望你幸福而已"的时候，是没办法用"我也很讨厌你这样的人"这种话来回答的。

用强调爱的方式来束缚对方的时候，人际关系就会变得极为复杂。如果是单纯的、直接的人际关系，对方会说："求求你别离开我！"但是，有些女性会一边哭泣一边说："你是要我的命啊。"更有甚者会加上一句："好啊，我怎样都可以。"

这其实是一种感情上的威胁手段，只是用强调自身遭遇的方式攻击对方，把威胁隐藏起来了。说自己"心如死灰，痛苦难当"其实是在要求对方"更爱我一点"。

但是，隐藏对对方的攻击性，就使人际关系变得非常复杂。

将枪口指向对方的威胁方式体现了简单的人际关系，"你是要我的命啊"这句话背后隐藏的威胁体现了复杂的人际关系。

深藏在"人生倦怠"背后的因果

歧视、侮辱也有单纯与复杂之分。

有一位年过40的母亲，小学六年间一直受到其他人的霸凌。那种霸凌很直接，比如去卫生间的时候，被人泼冷水；遭到全班同学的无视；等等。

16岁的时候，她曾离家出走。她的所有行为都十分单纯，容易理解。

她一度学坏，所以常常被父母殴打，继而时常会离家出走。偷盗摩托车被警察抓住，父母也不去警察局接她，甚至还对警察说："随她去吧。"

她曾经跟着坏人出去打架反而被人打，之后渐渐觉得，要让别人觉得自己很强才行，不然无法生存。

讲到这里，你可能会觉得她只是一个特例吧？确实，在肉体折磨方面，她可能是一个特例。

　　但是，从心理层面考虑的话，她并非个例。像她一样被欺负的孩子还有很多，只不过欺负变换了一种形式，隐藏了起来。

　　被道德绑架的人也会不知不觉地生出"我一定要变强"的想法，比如向往英雄主义、精英主义等。于是，就容易导致职业倦怠、人生倦怠、过劳死、工作狂、权力上瘾，等等。

　　上面那位少女对力量和强大的渴望和在知名企业就职的职业精英追求精英主义时的渴望如出一辙。追求精英主义的职业精英，也一直在追求让别人觉得自己很优秀。

　　换句话说，总是离家出走的少女内心深处是理解自己的问题的。但是，一定要追求精英主义的人，并不觉得自己有什么问题。

　　离家少女曾故意跑到别的学校打架滋事，她的目的不过是要显示自己的强大，显示自己与众不同。因为曾被老师打到眼膜出血、小学的时候就曾考虑过自杀，她变得非常具有攻击性，走上了歧途，但是她的性格没有扭曲。她所承受的殴打、霸凌一直是"堂堂正正"的。但是，披着爱的外衣的情感暴力却是隐藏起来的。

　　长期接受情感暴力的人，并不觉得自己受到了欺凌。实施情感暴力的人，也不会觉得自己正在施加暴力。

但是，长期接受情感暴力的人会一直处于焦虑之中，没有办法保持良好的心态。

自卑到底从何处来？

自卑到底从何处来？一个很重要的来源就是长期被"隐藏的虐待狂"所虐待，即前文中提到的弗洛姆所说的善意的施虐以及卡伦·霍妮所说的虐爱。虽然是虐待狂，却披着爱的外衣。虐待狂本人以为自己是好心的、善意的，其实是一种无意识的欺凌。

这种时候，深藏的动机一般都是憎恶。虽然将动机藏得很深，效果却是相同的，只是产生的表象会不同。

被直接虐待的孩子可能会反抗、会误入歧途。被隐形虐待的孩子一般表现为拼命学习，但是如果没有取得好成绩的话，就会认为自己毫无价值。

自卑的原因多来自家庭。在没有爱的家庭长大，谁都会变得异常自卑。虽然同是没有爱的家庭，但是表面上却截然不同。实际上，其中有些是将憎恨伪装成爱的家庭。这样的家庭不管是名门望族还是普通家庭都不可避免。

离家出走的少女，即使被虐待也只觉得是没有办法的事，和被隐形虐待的孩子相同的是，他们都会有严重的自卑心理。究其原因，都是来自父母对他们的憎恶及不关心。

离家出走的少女，时常会觉得自己是不被需要的人，曾经尝试自杀，服药后变得神志不清。但是，她喜爱她的外婆，小时候外婆常常背着她，神志不清的时候她会回忆起在家里和外婆玩的那段时光。只是没想到，外婆不久便离开了人世，于是再也没有人保护她了，她开始觉得自己必须要变得强大。

正如神经症患者那样，这种人会将所有人都视作自己的敌人。因为得不到任何人的保护，所以会认为自己和周围的所有人都是敌人。

情感暴力的受害者会失去求生欲

束缚他人有几种形式，除了在身体、行动上束缚他人，还可以用道德、理想去束缚他人，或者用不愉快的感情束缚他人。

用不愉快的感情束缚他人，在心理疗法中被称作代用感情

（racket feelings)。

简单来说，像是操纵男人的女人的眼泪。如果总是用眼泪去操控男人，便被称为代用感情，而且这里还隐藏了想要改变对方的企图。她们用这种不愉快的感情让对方觉得愧疚。比如，表现出非常凄惨的样子，促使他人按照自己的意图去行动；用哭泣去争取对方的同情或注意。常常有些狡猾的女性会用这一招来束缚优秀的男性。

在两种情况下，人会夸大悲伤，一种是间接地表现敌意的时候，另一种是要从别人那里夺取什么的时候，其目的无外是博取同情和注意。

实施情感暴力的父母，看到孩子的成绩不好，会直接在孩子面前表示失望或叹气。虽然什么也没做，但对孩子来说这是最可怕的威胁。"你这样子我真的非常失望"，用这样的话实施隐性威胁。

会这样施加隐性威胁的人，其实是对自身没有什么自信的人。能够很直接地把自己的想法告诉别人的人，不会沉浸在这种慢性的不愉快感中。

情感暴力的加害者，大多是心理上比较脆弱的人。但这种隐形的威胁更容易让人崩溃，会使受害者变成只会察言观色、畏首畏尾，对生活不抱希望的人。

需要注意亲子职能反转

"你怎么可以这么不孝？我养育了你 20 年，你要怀着感恩的心啊！你如果不好好工作，将来我们老了以后要怎么办啊？"有个人总被这样质问。

"要孝顺、要心怀感激，你现在这样像什么样子，赶紧努力工作。总是被这样说我简直要神经衰弱了。"如果有人这么对你说，大多数人都会理解他吧？

"为了你的父母，其他都抛弃吧。"总被这样说的人变成了神经衰弱者，大概是谁都可以理解的事。

但是，如果是被父母这样说呢？

"只要你幸福就行，只要你幸福我变怎样都可以。"总被这样说的孩子变成了神经衰弱者，是不是很多人都无法理解，反而会说这个孩子怎么这样自私任性？

承受着父母的情感暴力，还要被别人说成是不孝的人，这样的人着实可怜。

茶杯打碎了，有的家长会说："小心一点！"这很简单，谁都明白。但是，有的家长却会说："为什么把茶杯打碎了呢？"会这样问的人，常常会继续说些和打碎茶杯无关的抱怨，美其名曰为教导、教育，其实是在利用这个机会向孩子撒娇。

这就是英国著名精神科医生约翰·鲍比所说的"**亲子职能反转**"。简单来说，就是父母会间接地向孩子撒娇。直接撒娇的话，孩子也许会轻松许多。

不是争吵的争吵

将暴行、欺凌正常化，也是情感暴力。说着"我希望你能幸福"，却将对方置入网中，进行操控。

有一些母亲会特意强调自己身为母亲的付出，以此来束缚自己的孩子。有一些供养型的女性，会用强调自己的爱和付出的方式束缚对方。

美国著名心理学家罗洛·梅对意志力强的人有如下解释："虽然不能对别人有感同身受般的关心，但会经常帮助他人，除了心理上的，可以给予任何物质上的帮助，毫不含糊。"[1]

这样的人提出需求的方式也总是间接的。因为情感暴力是

---

① 罗洛·梅，《爱与意志》，诚信书房，1969 年，第 404 页。

用道德来束缚他人，所以通常不会产生争吵。

不会变为争吵的争吵也是情感暴力。

母亲对孩子说："随便你，想做什么就做什么吧。"但是，其中隐含的意思是"快去学习"。孩子只好去学习。结果，过一会儿母亲又对孩子说："想玩就玩呗。"听到这样的话，孩子当然会产生不满，但是又没办法对母亲说什么，只能默默消化心中的不快。这样的母亲是在逃避责任。

虽然嘴上说着"随便你"，非言语性的信息中又包含了"快去学习"。孩子不管选择哪边，母亲都不承担责任。

母亲害怕来自孩子的责备，所以不会明说"快去学习"。孩子自己选择学习了，反而还会说"想玩就玩呗"。这是母亲的虚伪。母亲会根据场合变换立场。所以，与孩子间的关系只能变为不是争吵的争吵。

之前讲到的小学六年级就被欺负的女生，长大后结了婚，她的丈夫自小也常被父亲虐待。夫妇俩都有被虐待的经历。这样的案例很容易判断。

同是受过伤的人，两人性格上都有怪癖。夫妇俩在一起总是会打架。两个人的孩子也是，生起气来会去掐母亲的脖子。所有的情绪都表现在表面。

但是，会施加情感暴力的母亲从外表是判断不出来的。因为她们总是把羞辱藏在友善的外表下。

吵架是吵架，开心是开心，这是普通的反应，也是正常的亲子关系的表现。扭曲的亲子关系，不满的时候会表现得满意，但会在孩子最脆弱的时候让其承担责任。

如果被家长说"赶紧学习"，孩子可以说不愿意。这不会变成情感暴力。因此，在这时候会被臭骂一顿的孩子是幸福的。

情感暴力是没办法说"不"，不会变成吵架的吵架。如果想要反驳母亲，母亲会说："是不是我道歉就可以了？"被这样一说，孩子就没办法继续责备母亲。

会使用情感暴力的父母非常狡猾，父母的这种狡猾会让孩子的内心变得不正常。孩子看起来享受着幸福的生活，但是无论如何也幸福不起来。

让对方怀有负罪感的人

不动产商想要卖掉一块卖不掉的土地。只要破坏掉这块地旁边住户的一小部分土地就能将其卖掉了。

这时候，不动产商对旁边住户说："我只希望你们能邻里和睦，只要这样而已。"然后，破坏掉旁边住户的一小部分土地，把地卖了。旁边的住户如果因为自己的地方被破坏了而不开心，不动产商会说："您不能和邻居好好相处吗？"

这就是在情感上恐吓对方。

情感威胁是一种让对方产生负罪感的情感暴力。受害者会觉得"我对别人的不幸负有责任"。于是，施加情感威胁的一方会利用他人的负罪感让自己获利。

情感威胁是会逐步升级的，最开始只是要求破坏掉 1 米左右的围墙，但是最后可能演变成破坏掉整座房子。

如果拒绝被破坏掉这 1 米的围墙，对方会用"只是 1 米都不行吗"这样的话来威胁。受到这样的情感威胁，无论是拒绝或者接受都会觉得非常不愉快。

情感威胁在让对方觉得有负罪感的同时，还会引发不愉快的感觉。为什么会这样，会在下文做详尽说明。

被这种恐吓纠缠住的话，必定会消耗生活的能量，让很多事都变了味儿，失去了乐趣。

情感暴力的受害者最需要的东西

其实，容易分辨的欺辱和不容易分辨的欺辱应对起来并没有多少不同。

首先，一定要时常肯定自己："一直以来坚持反抗的自己真的很了不起！"

然后，将要保护的东西和要舍弃的东西找出来。比如，丈夫经常对自己施加情感暴力，那么你最想要保护的是什么？一定要好好想清楚。

如果不能和丈夫离婚，那么一定要想清楚不能放弃和他在一起生活的原因。想清楚以后你会重新认识自己。

经常受到情感暴力的受害者会说："一提到离婚，丈夫就会暴怒，很可怕。"但是，如果有"要是被刺伤了，那就同归于尽好了"的想法，就会明白，自己一直说的无法离婚的理由全都是借口罢了。

如果被有情感暴力倾向的丈夫威胁了，适当加以反抗就是了。有情感暴力倾向的丈夫或许就会一改之前的威风，变成受惊的小羔羊。

还有，经常受到情感暴力的受害者喜欢说："还不如死了算了。"但是，这句话的意思其实是："谁能帮帮我？救救我？"

比别人更想活下去的人才会说"还不如死了算了"。所以，情感暴力的受害者想的一定是"我想活下去"。

总而言之，情感暴力的受害者，不管是已婚还是未婚都不重要，坚定"我一定要离开他、一定要和他分开"的信念，这才是最重要的。

如果实在不能分开，那么就算用尽全力也要确认自己到底有什么问题。"一提到离婚，丈夫就会暴怒，很可怕。"这种话绝对是假的，只不过是隐藏自己胆小的借口罢了。

施虐者的无意识和执着

一些有良好家庭教养的人，结婚后对妻子家暴，这种案件经常出现，让整个社会都很震惊。又或者是有一些职业精英突然就成了抑郁症患者，优秀的企业职员突然选择结束自己的生命。

公众都不明所以，发出"为什么会有这种事发生"的疑问。究其原因，这些人大多在成长过程中受到过家里的情感暴力。

他们很多都在孩童时期受过欺负，**没有构建出自己的心理界限**。

肉体虐待的影响谁都能看到，但是情感暴力的影响却无法从表面看出。

外表看起来非常优秀的家庭，内部发生情感暴力时，加害者本人往往不会注意到，受害者、旁人、社会也不会注意到。但是，像上述那样让人摸不着头脑，不明所以的事情却经常在我们身边发生。

情感暴力的加害者深信自己在爱着孩子，但是，那却是卡伦·霍妮所说的虐爱。

"虐待狂会使用各种手段让他爱的人变成自己的奴隶。这源于伴侣的神经症构造。这样做的结果，会让受虐待的一方觉得两人的关系是有价值的。然后，虐待狂会开始孤立他的伴侣，一边声明他对伴侣的所有权，一边贬低伴侣的价值以施加压力，最后将他的伴侣逼入完全依赖他的状态。"①

情感暴力的加害者不会承认自己正在虐待孩子或者妻子、丈夫，也不会承认自己执着于支配自己的孩子或者妻子、丈夫。

有些情感暴力的加害者和权力骚扰者②、性骚扰者有一个很

---

① 罗洛·梅，《爱与意志》，诚信书房，1969 年，第 126 页。
② 权力骚扰者（power harassment），指上司等利用自己的权力给下属施加过分的压力等行为。

大的不同，那就是情感暴力的加害者会抓住一个目标不放。

这个世上没有比来自父母的伤害更可怕的伤害了。

法国精神科医师玛丽·弗朗斯·伊里戈扬在《情感暴力》一书中所讲的情感暴力也包括了权力骚扰和性骚扰，是更综合性的概念。

这里所说的情感暴力基本上是道德上的欺凌，是卡伦·霍妮所说的虐爱。

第一章
"情感习惯" 的本质与伤害

虚有其表的爱最可怕

有些父母会在心理上束缚自己的孩子，阻止他们独立。他们往往会让孩子觉得，离开父母是一种不孝，让他们因此怀有负罪感。

为什么要这样束缚自己的孩子呢？大概是父母出于对孩子强烈的依赖心理。

"只要你幸福，我怎样都可以。"有些父母会这样对孩子说。这句话看起来是对孩子的理解、对孩子的爱，但却隐藏着深深的束缚。

这就是这本书中所说的"道德绑架"。我通常把这样的人叫作"隐藏的施虐者"。隐藏的施虐者就像家中的白蚁，一点点腐蚀家庭的同时，让日本社会也随之腐坏。

这样的人释放出来的气场，实际上是冷漠的，对社会、族群完全没有归属感。实际上，这些人所散发的，是冷酷的利己主义气场。

"只要你幸福，我怎样都可以。"这句看似充满爱的话里，隐藏着的是憎恨。这样举着爱的名义的憎恨和恐怖主义所怀的憎恨有共通之处。

总而言之，会说这种话的父母，有施虐倾向。话说得再好听，也只是为了隐藏施虐的意图。

会用道德绑架别人的人其实是在追求权力。一面说着充满爱的话语，一面掌控对方。这种行为用卡伦·霍妮的话讲就是："爱，是施虐者的伪装。"①

"爱"只是为了支配对方而找的借口，是为了让对方成为自己的奴隶而做的伪装。但让人感到更畏惧的是，这些伪装者本人并非有意而为。也就是说，很多父母意识不到自己正在用爱将孩子变成自己的奴隶。

"只要你幸福，我怎样都可以。"这句话，本质上是希望孩子能让"我"幸福，希望孩子觉得能有"我"这样的父母是何其幸运。表面上看并没有对孩子要求什么，实际上却给孩子的心扣上了一把大锁。

---

① 卡伦·霍妮，《未知的卡伦·霍妮》，耶鲁大学出版社，2000 年，第 132 页。

"情感习惯病"对心灵伤害最大

父母对孩子做出这种神经症的要求就是情感暴力。

"只要你幸福,我怎样都可以。"这句话稍微有点难以理解。我什么都不需要,这样说着却束缚了被说的人的内心,给对方的内心加上了一把枷锁。

因为看到孩子的表情并不幸福,所以父母会说这样的话。父母的内心深处明白孩子此刻并不幸福,所以才会说这种话。如果是一般的关系,不会说出这种话。对方不幸福的原因可能是自己,施暴者无意识中意识到了这一点。

一般来讲,自己觉得高兴的话会认为对方也很高兴。然后会说:"好开心啊,是吧?"

母亲知道孩子现在并不幸福,所以会无意识地说:"不要离开我。"

就算有什么不得不离开的理由,在要离开的时候,如果是真心认为"只要你们幸福就好",是不会说出这样的话的,只会说:"明天我就走了。"

虽然有不得不离开的理由,却不会直接说我要走了,而是说"只要你幸福,我怎样都可以"这种话的父母,在心里的某处希望孩子一定要待在自己身边。

但是，不说"只要你幸福，我怎样都可以"这种话，孩子有可能会离开自己，所以要用这种给对方负罪感的话，将孩子留下来。

这种话会让孩子觉得心情沉重，不知该如何是好。总是听到这种话，孩子会渐渐失去生活的勇气。

这样的孩子长大成人后，会对身边的人怀有敌意，但又因为有负罪感而去压抑敌意，出现这种矛盾的心理状态与小时候父母在其精神上施加的暴力有很大关系。这种状态会造成各种影响，如总是没办法高兴起来，总是害怕别人说的话，就算是真的出于好心的话也会倍感压力，就算对方没有向自己施加压力也会感受到压力，等等。

于是，不管谁说的话都会感到害怕、畏惧，即便来自善意的人。这就变成了这个人的情感习惯。这样的话，他和谁在一起都没办法放松，和谁在一起都觉得不愉快，进而让生活本身都变得不愉快。

我把这个称作**"情感习惯病"**。对身体不好的是生活习惯，对心灵不好的就是这种情感习惯。

有过度依赖心理的父母

正常的恋人如果是真心要分手，一般不会说："只要你幸福，我都随你。"

那么，什么样的人会说这种话？如果是父子或母子关系，一定是在心里觉得，不这么说的话，孩子就要离开自己了。因为有这种感觉，所以会说这样的话。

如果真的要分开，一定是已经下定决心的，所以不会说这种话。一般在要分开的时候，不会没完没了地啰唆。

说这种话的母亲的心理和爱以恩人自居的人的心理很像。两者的共同之处在于"掌控欲和自我缺失"：两者都想让对方按照自己的意愿去行动，都拥有隐藏的"支配欲"；两者都是自我缺失的人，都没有让自己幸福的能力。就算为人父母，仍然残留着孩提时代的强烈依赖心理。

"我怎样都可以呀。"会说这种话的人绝对是"我怎样都不行"。真的"怎样都可以"的人不会说"我怎样都可以"。

一个人说"我怎样都可以"的时候，一定是不想放任对方的自由。"我怎样都可以"之下隐藏的信息是"按照我的期待去做"。

说出的话虽然是非利己主义的，隐藏的信息却绝对是冷酷的利己主义。卡伦·霍妮评价神经症患者时说，虽然是冷酷的利己主义，却表现出强烈的非利己主义，正是如此。[①]

他们为什么会表现出这样的非利己主义呢？那是因为害怕别人觉得自己是利己主义者。

"我随便啦，大家觉得呢？"这样说的人，这个时候绝对不是"随便"的。这样说的人，只是因为害怕别人认为他任性而已。相反，他心里想的大多是"大家的意见才无所谓呢"。

作为父亲，如果说："我怎样都可以，你是否能幸福才是我想的事。"这样的父亲一般是胆小又软弱的人。他只是想用这样的语言把小时候的屈辱体验消除罢了。

父亲说这样的话的时候，作为儿子如果说"那我决定不学习了"，胆小又软弱的父亲一定会陷入恐慌。陷入恐慌的原因还有一个，就是"我怎样都可以，你是否能幸福才是我想的事"这句话是一句负气的话。

"对生活的不满以道德的假面登场，这正是神经症性的非

---

① 卡伦·霍妮，《我们内心的冲突》，诺顿出版社，1945 年，第 291-292 页。

利己主义。"①

用道德绑架对方

父亲对孩子说"我怎样都可以，你是否能幸福才是我想的事"的时候，其实并没有考虑孩子的事情，只是在考虑自己的幸福而已。

他所说的"你是否能幸福才是我想的事"，只是把虐待正当化的借口罢了，只是想把小时候的屈辱体验消除罢了。因为胆小又怯懦，所以说不出"把我受的屈辱都还回去"这种话，所以只能用"你是否能幸福才是我想的事"这样的话，间接消除心里的屈辱。

这就是情感暴力。用"我怎样都可以"这种"美德"来束缚对方；用"我只是担心你的幸福"这种借口来让对方变成自己的奴隶。

---

① 埃里希·弗洛姆，《爱的艺术》，伊纪国屋书店，1959年，第86页。

"我怎样都可以，只是担心你罢了。"这种话，在表面上看是一句充满爱的话，但是下面掩藏的是"按照我期待的去做"这样强烈的自我执着。

"我怎样都可以，只是担心你罢了。"说这种话的父亲，当然是神经症性的非利己主义者。而且，"非利己主义的正面形象下，是巧妙隐藏的强烈的自我中心性"。[1]

总是说"我怎样都可以"这种话的人，有强烈的自我中心特征。强烈的自我中心性的反向作用就是"我怎样都不可以"的叫喊。

有的人因为无法判别"我怎样都可以"这句话背后的真实动机，才会成为情感暴力的受害者。但是，为了从情感暴力的加害者身边逃开，对这种话的理解就尤为重要。

孩子因为情感暴力而心理变得古怪的时候，有的母亲只是沉默地看着父亲这样对孩子继续施加情感暴力。她知道孩子的父亲一直在精神上对孩子进行伤害，但是，对自己来说，和丈夫的关系更为重要，所以会视而不见。

---

[1] 埃里希·弗洛姆，《爱的艺术》，伊纪国屋书店，1959 年，第 85 页。

因为情感暴力丧失享受生活的能力

像这样遭受父母的情感暴力的孩子，会渐渐丧失社交能力，就算长大成人后也没办法从这种阴影中逃离出来。为了不被人责怪、责难，他总是处在紧张状态。

如果孩子没有直接接受父亲的那句"我怎样都可以"所表达的表面意思，就会受到惩罚。因为父亲不会承认这句话之下隐藏的自我中心性。

但是，社交能力需要能够正确识别对方没有在语言上表达出来的东西。遭受家长情感暴力的孩子，长大成人后就算拼死努力，也很难变得幸福，也没办法和人真正亲近起来。

这样的人会"失去爱人的能力、享受生活的能力"[①]。并且，由此变成一位施虐者。

对自己的人生感到绝望的时候，"想要杀人"的冲动会随之而出，这就是令社会震惊的无差别杀人事件出现的原因。

---

① 埃里希·弗洛姆，《爱的艺术》，伊纪国屋书店，1959 年，第 52 页。

失去了爱人的能力、享受生活的能力，对所有的事情都会感到厌倦。 害怕与人相处，心中的不安和紧张感总是如影随形。不知道为什么总是会感到愤怒。即便和恋人在一起，也无法感到快乐。

忧郁症患者总是无精打采，对什么都提不起兴趣，部分原因就是在他们的内心深处有着难以发觉的恨意。一般人如果觉得生活是有趣的，做事情也会有干劲。但是生活中没有什么乐趣的话，就算给自己打气，也没办法真的鼓起干劲。

"在孩子的成长过程中，一般不会出现心中的恨意大于在自我实现过程中所感受到的失意。"①

憎恨最善于伪装

弗洛姆说，失去了爱人的能力、享受生活的能力是变成施虐者的重要原因，对此，罗洛·梅也曾有过类似的观点。

---

① 弗瑞达·弗罗姆－瑞茨曼，《人间关系的病理学》，诚信书房，1963年，第369页。

"逃离不安的办法，一般不是和他人保持亲近的关系，而是通过支配他人、打击他人，又或者让他人变成自己的奴隶而获得安全感。如果我们觉得，只有让别人听任自己的掌控才不会感到不安，那么逃离不安的办法，就一定会带有控制及攻击欲。"①

也就是说，奥姆真理教这样的邪教集团，最初的本质就是极富攻击性的。

邪教集团在社会上引起负面事件时，常常有人会问："为什么声称是要救人的宗教集团会去杀人呢？"正是因为邪教集团所称的"救人"不过是表面现象，本质其实是绝望与攻击性。

情感暴力的加害者无论说什么，本质上都是憎恨和攻击性。情感暴力的加害者大声叫嚷的美德，实际是憎恨伪装后的样子。就像奥地利精神科医生阿尔弗雷德·阿德勒说的那样，憎恨最善于伪装。

①罗洛·梅，《焦虑的意义》，诚信书房，1963年，第241页。

学会用心去看

容易变成情感暴力的受害者的人，应该注意什么？

最重要的就是在交谈过程中，不要只专注于对方的语言，还要关注对方的表情，换句话说，要训练自己学会注意别人传达出的非语言信息。

语言信息与非语言信息出现矛盾的时候，真相一定隐藏在非语言信息之中。极端地讲，说出来的话其实都可以不听。对方想要传达的东西，不要用耳朵去听，要用眼睛去看。然后再思考："这个人到底想传达什么？"

权力骚扰、性骚扰和这本书所要说的情感暴力的不同点就是，情感暴力的加害者会找到特定的人，持续实施情感暴力。所以，无论是夫妻、父子还是恋人，想要逃脱都需要花费相当的力气。

想要逃离情感暴力的加害者，就一定要学会用心去看，并养成习惯。

母亲说想要喝啤酒，父亲虽然也想喝啤酒，但是今天感觉累了不愿意出门去买。于是，父亲就说："我今天不喝了。"于是，母亲跟着说："爸爸不喝的话，那我也不喝了。"

听了母亲这番话，自我轻视的孩子出去买了啤酒回来，第二天和学校的班主任说："都怨我父亲。"这样的孩子，容易变成情感暴力的受害者。

父亲虽然不愿意出门买，母亲如果想喝的话其实自己是可以去的，但是母亲为了减轻自己不去的罪恶感，才会说"爸爸不喝的话，那我也不喝了"。母亲如果直接说出自己的想法："不想出去买，但是好想喝啤酒啊。"那么，孩子只要说"自己不想买的话，就不要喝好啦"就可以了。

母亲利用了孩子的弱小，从一开始就打算让孩子去买。

如果这样的话，不如直接对孩子说："×××，去买点啤酒回来。"但是，不直接拜托孩子去买，而只是说自己想喝。

母亲的这种行为十分狡猾，这样，孩子会认为母亲很可怜。其实，是因为孩子没有用心去看。**用心去看的意思是，透过表面的语言、行动，来观察那个人的内心。**

像这样总是间接让孩子做事的父母，表面上常常是友善的样子，内在隐藏的是自私的个性。更有甚者，会指着远处的报纸说："那是今天的报纸吗？"话中的含义却是让孩子把报纸拿过来。

易被感情恐吓、容易遭受情感暴力的人，不会用心去看事物的本质，只是肤浅地理解语言表面的意思。

　　孩子小的时候开始，就要求他只接收表层的意思，禁止他去理解对方言语中的本意。在这种环境中长大的人，会完全丧失与人沟通的能力。

　　为了避免变成情感暴力的受害者，就要养成用心去看周围事物的习惯。

情感暴力引起的深刻绝望

　　卡伦·霍妮在和一位知性又有魅力，但是却没有爱人的能力的女性接触后说："我们在她强烈的无趣感之下看到的是深刻的绝望。"①

　　对这种强烈的绝望感的认知尤为重要，因为"虐待倾向最容易在这种土壤中成长"②。

　　抱有这种绝望感的人最容易变成震惊社会的"无差别杀人狂"。没有什么特别的理由，就是会感到愤怒。没有什么特别的事，

---

① 卡伦·霍妮，《未知的卡伦·霍妮》，耶鲁大学出版社，2000 年，第127 页。
② 同上，第127 页。

但是总觉得不愉快，然后找无辜的人发泄。

"绝望的痛苦会把这个人变成有毒的人。"[1]

情感暴力的受害者最容易感染这种绝望。一旦感染上这种绝望，所有快乐的事都无法再唤起他的快乐，他会渐渐失去感知快乐的能力。他会因为一些极小的事情而感到不愉快，并且很难从那种不愉快的感情中脱离出来。

总之，情感暴力的受害者的心中留下的影响会持续很长时间。受到的伤害无法用肉眼看到，但是不知道为什么就是容易陷入忧郁的情绪中。他也会逐渐变成对身边的人有毒的人。

生活的乐趣需要由自己创造，这也是人们生存的原点。

但是，情感暴力的受害者会渐渐失去这一生存原点。

大概，**人活着的最大义务就是让自己幸福**。无差别杀人事件的凶手和一般人的区别就是丢掉了这个义务。

---

① 卡伦·霍妮，《未知的卡伦·霍妮》，耶鲁大学出版社，2000 年，第 127 页。

无法理解的事件背后隐藏的秘密

对孩子说"赶紧睡觉"的母亲，有时只是自己想要早点休息。母亲对孩子说"不用学习也可以"的时候，孩子一旦停止学习，母亲反而会感到为难。孩子间接感受到母亲的用意，不希望母亲为难，只好继续学习。

母亲虽然在嘴上说："不去学校也可以啊。"但是，孩子知道母亲的意思其实是希望自己去学校。

"为了你，我们才去海边的。"父亲这样说。但其实是父亲自己想要去海边。

"为了你，我才建立了这个家。"父亲这样说，但其实是他自己想有个家。

如果孩子总是被动接受这样的话，会渐渐不明白自己的需求，失去认知自我需求的能力。

也就是说，孩子如果认为"我不想去"就会被惩罚。或者孩子认识到是父亲自己想去也会被惩罚。孩子为了不被责罚只好说服自己去理解："父亲其实并不想去海边，是我想去，他是为了我才去的。"

这样的孩子长大成人后，仍然无法正确理解别人传递的信息，只能成为没有社交能力的大人。

如果母亲总是对孩子说："可以吃糖呀，不过不要长出蛀牙才好。"从小生长在这样的环境中，会变得讨厌与人接触也是无法避免的。到底能不能吃、能不能做，这些事变得无法判断。

活着失去了乐趣会怎样？只好一个人躲进内心的世界里。

现今的日本社会，出现了很多足不出户的宅男宅女，原因多种多样，其中一个就是情感暴力。不光是足不出户的宅男宅女，现今的日本社会还有很多让人不禁会想"为什么会这样"的事件发生，也与情感暴力有关。

"巨婴"这种悲剧

父母用来束缚孩子的话还有很多。比如，总是说"咱家人一定要怎么怎么样"这种话，孩子会很反感，但是"家有家规"常被人视作美德。

　　这是因为"咱家人一定要怎么怎么样"这种话里隐藏着"家有家规"这种让人无法逃避的道德，会对人形成道德绑架。也就是说，父母潜意识里在用这种道德束缚孩子。

　　这种常被"咱家人一定要怎么怎么样"束缚的孩子，一般会想在长大后马上离开这个家。但是事实上并不那么容易能离开。这是因为，这个孩子在心底已经被家族这个"伪装的连带意识"所绑架了。并且，在这类人里，没有意识到自己被"伪装的美德"绑架的人占大多数。

　　这样的孩子，在意识上对父母充满了感激。但是，在潜意识的世界中却对父母充满了仇恨。渐渐地，他就会在自己的意识和潜意识的矛盾中患上神经衰弱。

　　这样的孩子长大以后，无论被外界如何优待都不会幸福。无论踏上怎样的精英之路，也都不会幸福。

　　和"咱家人一定要怎么怎么样"同理，"只要你幸福，做母亲的我怎样都可以"，这句话也是在束缚孩子的意志。

　　但是，对此，母亲自己却没有意识到，只是在无意识中对孩子进行束缚。会说这样的话的母亲，怀有强烈的依赖心理。但是，对于这种强烈的依赖心理，她自己也常常是无意识的。

　　也就是说，在父母的理解上，自己是在为孩子的幸福而自我牺牲。但是潜意识里,却在不断束缚着子女。

奥地利精神科医师沃尔夫有一句名言:"人会因对方的潜意识而行动。"所以,孩子会随着母亲的潜意识而做出反应。

所以,在这句"只要你幸福,做母亲的我怎样都可以"下长大的孩子,迟早会在心理上摔跤,无法正常地长大成人。

无法意识到伪装的爱必定会陷入圈套

最大的问题是情感暴力的加害者并没有意识到这件事。

他没有意识到自己正在控制别人、拒人于千里之外,意识不到自己正在用"爱"去束缚对方、去伤害对方。自以为维持着一张善人的脸却一直让对方怀有负罪感。

这样的人最初会用善意的热情束缚对方。实际上,这种善意的热情是一种贿赂,是要掌控对方、引诱对方跳进地狱的手段。然而,他本人会认为自己是好人。

如果受害者想要逃离这种束缚,最重要的就是意识到自己以为是"爱"的部分,其实并不是"爱",只是伪装成爱的圈套。情感暴力的受害者把这种圈套当作是爱,所以才会有负罪感。

很多人都不会直面自己内心的纠葛，而是试图将别人一起卷进来。卡伦·霍妮曾在"爱的关系中常见的虐待倾向"中这样说过。

情感暴力的加害者正是不小心让虐待卷入了爱里，把自身的问题带入到和别人的关系中，才毁掉了两人的关系。

施虐者一般会怎么做？

"把对方的其他关系都斩断，让其孤立，逐渐养成对自己完全的依赖状态。"①

情感暴力的加害者用和对方的关系来解决自己心中的问题，就像前面那个会说"只要你幸福，做母亲的我怎样都可以"这种话的母亲一样。

这种人擅长让自己享受安乐，而夺取别人的成果。会说"只要你幸福，做母亲的我怎样都可以"的母亲，绝对不会允许孩子离开自己。这和放纵丈夫的酒精依赖症，自己不主动离开的妻子的心理是一样的。

---

① 卡伦·霍妮，《未知的卡伦·霍妮》，耶鲁大学出版社，2000年，第126页。

为了治愈自己的心病而需要对方

新闻中常对酒精依赖症、药物依赖症有这样的记述：妻子助长了丈夫的药物依赖症。对这样的妻子，有人会说她们太纵容丈夫了，所以丈夫的依赖症不可能被治好。

但是，这样的妻子其实并不是在纵容丈夫。与其说是助长丈夫的依赖症，不如说妻子的依赖症更严重。当然，并非所有的依赖症都源于对伴侣强烈的依赖心理，还有其他各种各样的原因。

情感暴力的受害者依赖心理会比别人更强，且更容易自我轻视。妻子并不是在纵容丈夫，由于妻子善意的支配而让丈夫患上依赖症的例子也很常见。

更直接点说，妻子隐藏的虐待倾向是丈夫患上酒精依赖症的原因。妻子以"丈夫没有我不成"这样的想法支撑着自己的内心，并且从心底庆幸，丈夫是个患上了药物依赖症或酒精依赖症的没用的人，以此来维持自己病态的自尊心，治疗自己心中的伤口。

"因为自己情绪上的问题，虐待狂看到对方的痛苦才能感受到活着的意义。"[1]

当然，这样的妻子完全没有意识到自己是虐待狂。情感暴力的加害者会装作是在帮助对方，其实是在掌控对方，而且他本人也认为自己是在帮助对方。

"没有什么比利用别人让自己的世界变生动或救赎自己更有效的办法。"[2]

治愈自己心中创伤最容易的办法就是这样去控制他人、伤害他人，尤其是找没有防备的人去控制、去伤害。

被控制、被伤害的一方会在无意识中积压憎恨。因这种积压的憎恨而选择自杀的也大有人在。可能有人认为，这有些夸张，但是情感暴力有时就会将人逼入绝境。

"加害者会攻击受害者的自我认同，抢夺对方的个性。这正是所谓的精神破坏行为。结果，将对方逼至精神失常或自杀。"[3]这样的说法绝对不是夸张。

① 卡伦·霍妮，《未知的卡伦·霍妮》，耶鲁大学出版社，2000年，第128页。
② R.D. 莱恩，亚伦·艾斯特森，《疯狂和家人》，三铃书房，1972年，第121页。
③ 玛丽·弗朗斯·伊里戈扬，《情感暴力》，伊纪国屋书店，1999年。

虚有其表的善意实际是憎恨

情感暴力的加害者会把自己身边的人都变为依赖症患者。这就是弗洛姆所说的"善意的支配""善意的施虐"。

"披着爱的外衣的善意的支配，常常是虐待狂的表现。善意的虐待狂会希望自己的所有物变得富有、强大、成功，但是他绝不会允许自己的所有物有独立、离开他的想法。"[①]

这里引用巴尔扎克《幻灭》中的一段对话作解释。罪犯伪装成想要救人的僧人对企图自杀的年轻人说："我只要做一个无名英雄，看着你成功就可以了。无论何时何地，只要你快乐就足够了。"

弗洛姆指出，这里揭示的并不是一种爱的关系，而是一种共生关系：互相牺牲了自主性。

乍看之下，善意的施虐者都是非常心善的人。除了亲近的人，很难有人会发现、理解他心中隐藏的憎恨。

但是，善意的施虐者的特征是憎恨和不成熟，而且他本人还没有意识到这种憎恨和不成熟，不承认自己的憎恨和不成熟，

① 艾瑞克·弗洛姆，《人间的自由》，创元新社，1955 年，第 131-132 页。

始终认为自己是好人，所以最后会酿成悲剧。

他们内心无法安宁。不会听取别人的话，因为他们执着于解决自己内心的问题。

患有彼得·潘综合征的母亲

和这个僧人一样有情感暴力倾向的母亲，会为了孩子打扫卫生、洗衣做饭，倾尽全力。母亲也做一些事情，向孩子推销自己，比如一直等着孩子下学，就算自己没有新衣服也要给孩子买衣服，等等。

母亲认为自己非常优秀，同时也希望让孩子看到自己优秀的一面。她会说："只要你幸福，妈妈怎样都可以。"

"她一般会无视别人的尊严，认为自己是非常优秀的人，并用非常严格的道德标准要求别人。"[1]

不管到几岁都无法在心理上成为大人的彼得·潘症候群患者，一般都会有一个喜欢说"只要你幸福，妈妈怎样都可

---

[1] 卡伦·霍妮，《未知的卡伦·霍妮》，耶鲁大学出版社，2000年，第128页。

以"的母亲。①提出彼得·潘综合征的心理学家丹·凯利曾这样说。

但是，子女能感受到母亲的孤独和不幸，并且认为母亲掌控自己必有其原因。②

无论是家长还是孩子，都在压抑对对方的不满。于是，无论是家长还是孩子都不会感到幸福。"只要你幸福，做母亲的我怎样都可以"这句话换一种说法，可能是"好吧，只要我当那个恶人就可以了吧"，或者是"是母亲做了不该做的事，是吧"，或者是"我真是傻啊"。会说这样的话的人和喜欢以恩人自居的人一样，都没有自我。

嘴上说着"只要你幸福就可以"，但是当自己变得不幸，就会变成"都是因为你，我才变这样的"。也就是说，本质上和喜欢以恩人自居的人的心理一样。

都是因为你在那吵闹，我才没做好。都是因为你让我着急了，工作才没做好。到最后，就会演变成"行了，只要妈妈忍着点就好了吧"。

从"只要你幸福就好"开始，到"行了，只要妈妈忍着点就好了吧"，都是因为这位母亲内心深处的空虚感、不安、恐惧、

① 丹·凯利，《彼得·潘综合征》，柯基图书，1984年，第30页。
② 同上，第30页。

依赖心、自我价值感缺失等问题滋生的虐待倾向所致。

说这样的话，是为了抑制自己意识中的虐待倾向。不承认自己真实的内心，还非要让孩子承认自己是优秀的母亲，所以说出这种话。其实，这是母亲在将心中的恐惧、不安合理化。

"只要你幸福就好"，被这样说的孩子什么也无法反驳。"只要你幸福，做母亲的我怎样都可以"这句话，其实是在表达"我没有什么想做的"。这句话背后其实是她对自身的绝望。

"只要你幸福，妈妈怎样都可以"，说这句话的时候，这位母亲没有注意到自己的潜意识。

无论如何理解不了孩子受到的挫折

以为自己在做着极好的事，实际上是在伤害着对方。一边满足自己内心的冲动，一边自认为是圣人。作为母亲虽然是极不合格的，但是有时又很努力。这是最难以分辨的。

如果这位母亲一直对孩子的事不管不顾，每天都和朋友在外面玩乐的话，很容易判断她是不合格的母亲。没有为孩子做任何事，谁都看得出来。就连她自己也不会认为自己是合格的母亲。

最坏的父母，不管是孩子、父母本人，还是周围的人都很容易分辨出来。

但是，这位为了孩子而努力的母亲却不是这样。

"只要你幸福，做母亲的我怎样都可以"，会说这种话的母亲自以为已经很努力了，但却不明白，自己没有为了孩子所需要的东西而努力。

这种有情感暴力倾向的父母不容易分辨出来，而这才是最恶劣的父母。

这位母亲无论如何也理解不了孩子为什么会受到心理挫折。她发自内心地认为，自己已经拼尽全力了。为了孩子倾尽了所有，为什么最后是这个结果，她完全想不明白。

如果自己总是在外面和朋友玩乐，孩子受到心理挫折的时候，可以坦率地反省"我做得不对"。如果自己总是去做美容、按摩，孩子受到心理挫折的时候，可以坦率地反省"都怪我自己总是想着自己，想让自己变漂亮，只为自己花钱，我做的真是太失败了"。

但是，有情感暴力倾向的母亲并没有只为自己花钱，她一直在为孩子付出。

这样的母亲无论如何也理解不了卡伦·霍妮所说的虐爱；无论如何也理解不了自己以为的爱，其实是虐待心理伪装后的样子；无论如何也理解不了，自己其实并没有爱着孩子，而是出于虐待心理想要掌控孩子罢了。

向孩子兜售自己的父母最恶劣

自己虽然努力了，但却并不是为了满足孩子的需求而努力的，如果父母不明白这一点，他就会开始责备孩子，会滋生出"我明明都这么努力了，你为什么不领情"这样的怨恨。这个时候，他们其实是对自己感到失望，希望把孩子变成自己理想中的样子，哪怕用强迫的办法。

"自己无法完成非现实的高度期待，所以认为对方应该满足这种期待。不管是什么样的错误都无法容忍。对方感到痛苦会让自己得到某种满足。"[①]

孩子想要的是来自父母的主动、积极的关心。孩子想要的

---

① 卡伦·霍妮，《未知的卡伦·霍妮》，耶鲁大学出版社，2000 年，第 128 页。

并非母亲辛辛苦苦赚钱然后支付自己高额的补习费，也不是父亲过劳般地赚钱来支撑这个家。

"日常生活中他们完全**没有界限感**，向周围的人提出非现实的要求。"[1]

父亲过劳般地工作，向孩子要求的会是什么呢？期待的是什么？无非就是希望他能在世界 500 强的公司中工作吧。

"没有界限感地向周围的人提出要求。"[2]

"他们正在将他人变为自己的奴隶。"[3]

他们期待孩子做到的是，从名校毕业，进入世界 500 强企业工作，之后在精英之路上不断努力。所以，在优越环境中长大的职业精英常常会患上抑郁症，精英官员们有时会出现自杀行为。

有情感暴力倾向的母亲希望孩子认为自己是合格的、优秀的母亲。所以，总是向孩子兜售自己，却常常让孩子产生心理挫折，孩子有可能会因此学坏。"为什么会变成这样呢？"将责任推给孩子。然后，母亲会觉得自己"好辛苦、太不容易了"，会对孩子说："看着你这样，我实在是太难受了。"

---

[1] 卡伦·霍妮，《未知的卡伦·霍妮》，耶鲁大学出版社，2000 年，第 127 页。
[2] 同上，第 127 页。
[3] 同上，第 127 页。

这么说是因为觉得孩子变坏不是自己造成的，进而继续逼迫孩子："求你了，变回原来的你吧，妈妈我只要原来的你就满足了，我只是希望你能心地善良啊。"

但是对孩子来说，却得不到"要这样做"这种实际的建议。逼迫孩子的母亲只会用漂亮的话打击他的心灵。这就是情感暴力的表现。

狡猾的母亲一般会用这种说法："那个时候你要是和我说了，我就会帮你做了呀。"而不去讨论现在发生的事。总是说已经不可能反悔的事。这其实会变成两倍甚至三倍的威胁。让孩子认为是自己的不对，因而心生负罪感。

变成这样的话，问题会接连不断地发生，随着身体的成长，孩子心理上也慢慢会出现问题。

通过孩子的开心确认自己存在感的父母，和孩子间的关系其实是单薄的。如果孩子不表现出高兴的话，这样的父母就会感到不满。

因为爱着孩子，所以看到孩子高兴自己会感到幸福的父母，对孩子不会有什么要求。孩子表现出不高兴，这样的父母也不会心生不满。失去自我的父母，如果不能让孩子保持高兴，自己就会变得不安，甚至是不满。

因为爱着孩子而想看孩子的笑脸和看到孩子的笑脸自己才

能感受到存在感，这两种人在心理上完全不一样。

前者是心理上成熟的父母，后者是心理上未成熟的父母。

就算不是父子、母子关系，没有自我的人也会抱有这种心理。

第二章

看不见的伪装：情感暴力的表现

以他人的不幸为乐的人

有的人会以他人的不幸为乐，而这样的人还为数不少。所以，写名人丑闻的杂志会卖得非常好。

曾经有位杂志记者和我说："老师，你知道吗？不幸的消息最好卖。"总之，只要是写名人或成功人士的不幸的文章，就会有很多人买。就算是花钱也想知道别人的不幸。看到别人的不幸可以稍稍缓解自己心中的伤痛。

现实中，有很多人是靠着嘲笑别人的不幸而生活的。原来还有一首歌这样唱过："人生哪有什么乐趣可言，不过看到邻居家贫穷的样子还是可以乐一阵子。"

像这样喜欢看他人不幸，以他人不幸为乐的人，缺少活着的正能量。看着邻居家贫穷的样子傻笑，不如自己去工作。但是，**缺少正能量的人**，不会愿意付出汗水去工作，更没有毅力去工作。

他们没有那种去工作的能量。往大了说，神经症患者普遍都没有生活的能量。

"人生哪有什么乐趣可言，不过看到邻居家贫穷的样子还是可以乐一阵子。"这种话，应该如何解释呢？

首先，他说人生没有什么乐趣。这是最根本的问题。

如果能够感受到快乐，人会变得比较正面、积极。但是，现实社会中，没有这种正面、积极的能量的人非常多。没有正面能量的人，会从"被憎恨燃烧着的人"逐渐转变成只剩下绝望的人。失去乐趣即代表失去能量，逐渐变成"以看到或听说别人的不幸为生存乐趣的人"。

如果清楚知道自己是看到别人失败、贫困而感到快乐的人，那还好说。最麻烦的是，无意识中以别人的不幸为乐，但自己却不承认，还要披着爱的外衣来表示关心的人。

这样的人常常以"出自家人的爱""出自关心的爱""出自朋友的爱"等等为借口，用道德来绑架别人。如果被这样的人所绑架，自己就会变得很奇怪。有人会让自己的没毅力、依赖心、自卑感披上爱的外衣，也有人会让自己的憎恶披上正义、道德的外衣。这样的人最大的特征就是说着"都是为你好"却去用情感绑架别人，说着"我只是想让你幸福"去控制别人。

或者对没有什么亲密关系的人说"你这种行为简直不是人"或者"作为一个人，怎么能做出这种事来"以此来伤害他人。这样的人无法正视自己内心的孤独感，用刺痛别人的办法为自己疗伤。他们不会轻易地罢手。因为停手的话，自己内心的伤口就无从治愈了。和这样的人相比，揍你一顿，然后永不相见的人反而比较好，至少比较爽快，痛苦当场就结束了。

披着伪善的外衣绑架别人

情感暴力的加害者会把自己的愤恨完美转化成美德，被其伤害的人会非常难堪。他们总是装作轻松地说一些最刺痛对方要害的话。然后，看到对方被刺痛而感到快乐，绝对是品行最恶劣的人。

这样的母亲会对学校的老师说："请严厉地批评我家的孩子。""请严厉地批评"是想要展示自己是一位负责任的好母亲。

有些母亲会对批评自己孩子的老师说："老师，请您多批评批评他。"母亲这样做，实质上是想按照自己的想法去改变孩子。

喜欢用道德伤害别人的人，可以分成两种，一种会伤害无关的人，一种喜欢伤害自己亲近的人。

不管是哪种，施虐者都会戴着善意的假面登场，所以被缠上的人会感到非常难堪，而施虐者的纠缠是常人无法想象的执拗。受害者受到的心理影响也是常人无法想象的严重。

如果虐待以虐待本身的样子登场，尚有应对的办法。但是，虐待如果是戴着善意的假面登场，就会比较难以应对。

很多人都无法理解或是没有注意过善意的施虐者的心理活动，只看到他们表面所呈现出来的善意。然后，认定被其伤害的人是坏人，而善意的施虐者是好人。

还有很多正在精神虐待别人的人，自己也没有意识到自己的行为是一种虐待行为。而旁人也没发现虐待者的本意，误以为他是好人。于是，被虐待的人想要求救都无处可去。被善意的虐待者所虐待，还被旁人认为是坏人，情感暴力的受害者所受的精神折磨简直无法想象。

情感暴力为何如此难以分辨？

瑞士著名哲学家卡尔·希尔逊所说的"在外如羊羔，在家如豺狼"也是如此。有的人在外面对谁都很友善的样子，在家中却是会施加情感暴力的人。

如果社会上的看法是正确的，那么可以向周围的人求助。但是，包括律师、法学教授或者警察在内，大多数社会上的人都只会看到事情的表面，所以，常常会弄错到底谁才是恶人。大多数人会认为："他总是说着为别人着想的话，不应该是个好人吗？"

被善意的加害者折磨的一方，只能默默忍受其折磨，无处申诉，渐渐地由于压力过大而累积成疾。

现实中最可怕的也不是纯粹的恶，而是戴上假面的恶。甚至连戴着假面行恶的人，也没有意识到自己是戴着假面在行恶，还以为自己的行为是出于爱。

现实中最可怕的也不是写满了仇恨的脸，而是戴着微笑的假面的仇恨。社会上的人如果能正确地分辨出来那就不是问题。但是，现实中却往往难以分辨。像这样的人犯了罪，连很多新闻都会出现疑问。

一般人无法理解，总是微笑着的、看上去很老实的人其实心中深藏着满满的憎恨。老实和诚实是不一样的。现今社会中，有太多的人不理解老实的人和诚实的人有何区别。

现今世界中最缺乏的是对"变装后的愤怒"的理解。正如伟大的心理学家阿德勒所说"愤怒很善于伪装"。所以世人常被欺骗。因此，情感暴力的受害者想要向周围的人求助都没有办法，而且常常得不到帮助，只能独自坠进情感暴力的加害者营造的地狱中去。

用负面情绪控制他人

在心理上没有成熟的父母，会向孩子要求无止境的忠诚，会向孩子要求排他性的尊敬。孩子如果更尊敬外人，他们就会产生强烈的愤怒。于是，就会通过虐待孩子的办法来展示自己的力量。

也就是说，如果家长是善意的虐待者，一般会因为自己向孩子要求的东西没得到满足而去虐待孩子。

情感暴力的加害者有时候也会试图说些让对方高兴的话，

但实际上却是希望借此掌握更多的支配权。让对方高兴只是一种手段，本质上还是掌控。

不管表面上看是怎样的，掌控对方才是情感暴力的加害者的重点。因为他们非常善于使用技巧，所以很少会看到他们先身败名裂，而经常会看到被掌控的一方先身败名裂。

如果被说"快点做"，至少会因为反感而反抗。但是，情感暴力的加害者不会让对方有这种反感，反而会让对方怀有负罪感。

"虽然所有责任都应该在施加暴力的人身上，但是受害者却总以为引起暴力是自己的责任，然后自己一人承受所有罪恶感，而不去追究加害者的责任。"①

这正是因为，情感暴力的加害者总是利用对方的自责、负罪感而施加情感暴力。攻击型人格的人会直接攻击对手，但是情感暴力加害者一般会**用负面情绪去操控对方**。

如前所述，在心理疗法中，人们将慢性定型的不快感叫作"代用感情"。这种不快感常常被用来掌控、改变他人。

并非用手枪将对方"杀死"，经常使用代用感情的人会慢慢地将人"杀死"，甚至比一般的"杀人"更为残酷。

---

① 玛丽·弗朗斯·伊里戈扬，《情感暴力》，伊纪国屋书店，1999 年，第 254 页。

　　生长在这种环境下的孩子自杀的话，母亲反而会想："明明是很好的孩子，如果社会能对他更温和点……"选择自杀的孩子确实是很好的孩子，只不过深陷父母的扭曲情感中，才导致了悲惨的结果。

　　孩子不学习，母亲会说："你这样真的让妈妈感到很痛苦！"这样说的话，孩子会觉得很对不起母亲，于是孩子会说："我会好好学习的，不要难过了，请你原谅我。"

　　更恶劣的母亲会这样责备孩子："看着妈妈为难是不是很有意思？你是在故意为难妈妈吗？"会这样说的母亲已经存在虐待行为了。

　　还有一种更恶劣的母亲，会说："妈妈好害怕。"说这种话的时候，也是明显的虐待行为。

　　被这种话教育大的孩子虽然不致走向犯罪，但是会逐渐失去生存的勇气，变成没有情绪、没有表情的人。然后，会因此被周围的人讨厌。这样的孩子长大后如果没有变得精神衰弱，反而会让人觉得不可思议吧。

　　那种只顾自己玩乐、抽烟喝酒，完全对孩子不管不顾的母亲养大的孩子有可能会走向犯罪。但是，这样的孩子至少可以指责母亲，比一个人承受负面情绪的孩子要好多了。

不要将强烈的依赖心理误当成爱

有情感暴力倾向的父母常常有一种误解。他们常把对孩子的贪恋错当成爱，常把自己心中强烈的依赖心理误解为强烈的爱。

施加情感暴力的母亲常常以为自己是在为孩子的幸福着想，但其实只是在精神上虐待孩子。常常不考虑孩子的发展阶段，要求孩子做一些他那个年龄所无法完成的事情。

原本神经症患者就没有爱的能力，之所以以为是爱，不过是为了满足自己心中的空虚而对另外一个人怀有的执念罢了。以为是强烈的爱，其实不过是对那个人强烈的依赖感罢了。

没有爱的能力，会导致无视对方的人格、无视对方的界限、无视对方的需求、无视对方的想法、无视对方的发展等等问题。

孩子在学校学习画画，画得不太好，有情感暴力倾向的父母会拿着画笑着说："竟然画出这种画……"这个孩子会渐渐失去对其他东西的兴趣。心理上健康的父母一般会说："很好啊，越画越好了呢！"

"今天做操时被老师表扬了！"孩子回家很开心地说。有情感暴力倾向的父母会说："因为你原来总是做不好呀。"这样的父母以为自己说的话是在鼓励孩子，完全意识不到自己的虐待行为。他们其实是在用轻蔑或嫉妒的语言间接地表示敌意。

心理处于溺水状态的父母

溺水的人常常会不考虑别人的能力，而紧紧抓住对方。有情感暴力倾向的父母的心理正如溺水的人一样，只不过他们紧紧抓住的是自己的孩子。问题就在于，这样的父母没有注意到自己紧紧抓着孩子，甚至要导致孩子也心理溺水了。

完全不考虑孩子的界限、孩子的需求、孩子的想法、孩子的成长阶段，等等，因为他们对孩子怀有敌意。

比如，孩子喜欢打棒球或者踢足球，又或者喜欢跳舞，在运动中表现出色的时候，有的父母会说："不要因为这样一点小成绩就沾沾自喜。"而有的父母会说："你今天的表现太棒了，要不是你，你们队可能就要输了！"

有的父母会说："你总是因为一点小成绩就沾沾自喜，怎么可能成大事？"而有的父母会说："最近训练一直很辛苦吧，今天表现很出色！来，今天请你坐上座！"

　　情感暴力的加害者不会夸奖别人，总是在寻找自己的控制力，总是希望控制对方。

　　会对孩子说"不要因为这样一点小成绩就沾沾自喜"的父母，是在遏制孩子的积极情感。不仅如此，他们还会反问孩子："怎么这么没有干劲？"

　　情感暴力的加害者会一点点让对方沦陷，还会在此之上刺激对方，怎么能因为这么一点点小事就沮丧呢？相反，心理上正常的父母会直接夸奖孩子："做得很棒啊！"会及时发现孩子的优点。

有情感暴力倾向的父母不会夸奖孩子

　　有情感暴力倾向的父母非常喜欢说教。常常说教的人心中时常怀有不满。因为是说教，说的话常常是很漂亮的看似有理有据的话。但是，饭桌变成说教场所的家庭，家庭成员都会变成时常怀有不满的人。

　　有情感暴力倾向的父母会夸奖别人家的孩子，用夸奖别人家孩子的方式来虐待自己的孩子。

"为什么不能变成 ×××家孩子那样的人呢？"常常用别人家的孩子作为范本。"为什么这种事都做不好呢？"常常激烈地刺激孩子的软肋，都是因为父母本身期待过高。

性格软弱、不善交际的父母希望孩子能达成自己期待的时候，常常会使用前文所说的慢性定型不快感，也就是代用感情。

比如会说："这种事都做不好吗？"然后，深深叹气。结果是，被精神虐待的一方会渐渐变得无法接受、无法认可自己。自我评价的标准会脱离现实的高度。如果孩子不是这样，父母会觉得自己没有活下去的意义。

情感暴力会因为加害者的性格不同而有不同的表现形式。利用代用感情实施情感暴力的人，是卡伦·霍妮所说的内向、不善交际的人。这样的母亲会觉得自己是理想中的母亲，所以会说"为什么你不能变成 ×××那样呢"，这是一种无视自己孩子现状的虐待。面对这样的母亲，如果孩子说："还不是因为是你的孩子啊？"那孩子就不会变成情感暴力的受害者。但是，母亲在虐待的同时，还不让孩子说出"还不是因为是你的孩子啊"这种话，那就是有情感暴力的行为特征。

"为什么不能变成 ×××那样呢？"这也是虐待的一种。说这种话的人并没有意识到自己的虐待行为。但是，他在间接地让孩子按照自己的想法去做。而被虐待的孩子本人也不会意识到自己正在被精神虐待。

父母有时候也并不是真的希望孩子按照自己说的变得强大，毕竟孩子变强大了自己就没办法虐待他了。理解情感暴力的一个关键点就是虐待者其实是非常需要被虐待者的。

无论遇到什么事，情感暴力的加害者都不会想要放开他所虐待的人。他会把对被虐待者的执着当作是一种强烈的爱，情感暴力的加害者心中也充满了纠结。

情感暴力的加害者和情感暴力的被害者常常是共生的、互相蚕食的关系。双方心中都怀有深刻的心理问题，常常是热爱死亡的。

原本会说"为什么不能变成像×××一样呢"这种话的人，就是出于心中的不甘、憎恨在与人比较。比较的动机是含有憎恨和支配欲的。

有情感暴力倾向的父母绝对不会表扬孩子。比如，暑假的时候为了得到父母的表扬，拼了命游泳游到很远的小岛。

"从来没这么拼命过"的孩子想着"这回终于可以受到表扬了吧？"但是，有情感暴力倾向的父母不会因此夸奖孩子，反而会用其他游得更好的人作为例子和孩子进行比较。

为什么父母会这样"欺负"孩子呢？

　　大多是因为，父母想借此来治愈自己伤痕累累的内心。有情感暴力倾向的父母并不会真正爱护自己的孩子，他们心中没有这份宽裕。反之，会对孩子唯命是从的父母也并非真正爱着自己的孩子。

只是想从不安中逃脱出来

　　真爱和神经症患者的爱的区别就在于：施爱者是不是为了让自己感到安心而付出行动。

　　有情感暴力倾向的父母总是会把"让自己从不安中逃脱出来"放在首位。"以为是出于爱而说的话、做的事"只不过是为了让自己从不安中逃脱出来的手段。

　　某位女性是情感暴力的受害者，她曾经多次对有情感暴力倾向的人说："你这只不过是自私、任性、自我中心罢了。"但是无论如何说明，对方也不肯承认。

　　这位有情感暴力倾向的人是一位 61 岁的女性，她的儿媳妇因为她过于干涉自己的生活逃离了她们家。这位 61 岁的女性对儿媳说："我明明那么照顾你，绝对不会原谅你这种行为。"

"你的儿媳妇并不希望你那么照顾她，她离家出走是因为受不了你的过度干涉。"无论如何向她解释这些，她都无法接受，也不承认。

她的儿媳妇逃回了娘家，但是因为她会追到娘家去，只好再从娘家接着逃跑。儿媳妇的娘家当然不会告诉这位 61 岁的女性自己的女儿去了哪里，因为不知道她会做出什么事来。

如果你问她："为什么周围的人全都要从你身边逃走？"就会像在火上浇了油一样令她暴怒。

这位 61 岁的女性和丈夫在精神上早已离婚。在儿媳妇来之前，丈夫就患上了神经衰弱。这样的家庭，迎来了儿子的媳妇。

于是这位女性沉浸在了自己是位好婆婆的幻想中，以治愈自己心中的创伤。

她用"都是为你好"为借口开始了对自己儿媳妇过度地干涉。因为丈夫在精神上的逃离，她开始用"我都是为你好"这种美德去绑架她的儿媳和孙子。

像开始写到的那样，她的儿媳因为无法和她沟通逃跑了。但是，她试图通过掌控自己的儿媳来治愈自己的心理创伤这一行为，衍生出了她自以为是好婆婆的自我定义。

就算儿媳妇已经逃跑了，她仍然对"自己是位好婆婆"深信不疑。因为周围的人都从她身边逃开了，她只能紧紧抓住自己所创造的自我定义不放。

对自己绝望的情感暴力加害者

奥地利精神科医师沃尔夫称这样的人格带有显著的"虚有其表"①的特征，主要是指逃避正常的成人责任的人的性格。

首先，这位61岁的女性从母亲的责任中逃脱出来。所以，她的儿子会酗酒、对儿媳施加家庭暴力，等等。她没有成功成为看上去很好的妻子、看上去很好的母亲，所以她最后的尝试，是成为看上去很好的婆婆。当然，她自己不会承认自己没有成为看上去很好的妻子和看上去很好的母亲。

用沃尔夫的话说，这位女性实际上是"现实的逃避者"。她现在正在自己幻想出的大舞台上扮演着"好婆婆"的角色。在她的幻想中不允许失败，所以她无法原谅逃走的儿媳妇。

"你的儿媳是因为你才逃走的哟"，就算这么对她说，她

---

① 贝伦·沃尔夫，《如何才能幸福》，法勒＆莱因哈特出版社，1931年，第237页。

也绝不会承认。她反而会强调"我的儿媳妇非常喜欢我，很尊敬我"。对自己之前说的话，她也可以很镇静地否定。

她会说，儿媳什么也没和自己说就离开家了，所以她"无法原谅她"。但是，在其他对话中如果出现"儿媳什么也没和自己说就离开家了"，她又会对此表示否定。

并且，她本人并未意识到自己的这种矛盾，有人指出她话中的矛盾，她也不会承认。和她说话的人反而会变得混乱。

为什么她会这样变来变去，说出前后矛盾的话呢？

这是因为在她的心中没有"真实的情感"。她已经对自己感到绝望了。有个词叫"情感的穷人"，说的正是像她这样的人。

如果是真心喜欢自己的儿媳，又或是真心疼爱自己的孙子，就不会说出这种前后矛盾的话。

无论是情感上还是观念上，她都是在维护自己方方面面的正当性而已。"这样的话，周围的人就会一声不响地逃离吧？"因为无论如何也不可能说服这位 61 岁的女性了。

自己并不是在照顾儿媳、儿孙，而是在支配他们、束缚他们，这件事说什么她也不会承认。与其说是不承认自己是情感暴力的加害者，不如说是无法承认自己是情感暴力的加害者。

可怕的"我都是为你好"

沃尔夫在书中曾写道："我是爱你的，所以请你按照我喜欢的方式做事。"[1]这是专制主义的一种。前文那个61岁的婆婆就是专制主义的支配者，明明让儿媳、孙子饱受折磨，却说"我明明是为了大家好，为了家人"。一定会给自己做的事强加上爱的名义。

用卡伦·霍妮的话说，这就是虐爱——以爱为借口支配周围的人。这位女性通过让儿媳、孙子感到痛苦，来治愈自己的心灵，将自己变成了一位施虐者。

所以，儿媳和孙子离开的话她会很为难。这正是紧紧抓住发泄愤怒和怨恨的对象不放的姿态。依存症患者的人际关系中常常隐藏着这种矛盾。

这位女性会对"驱使人背离正常目标越远、越绕圈子，甚至是走向错误的方向"[2]而感到兴奋。

于是，儿媳的家人不告诉她儿媳逃到哪了，对她说"她是因为受不了你了"的时候，她反倒会对别人说："儿媳母亲的

---

[1] 贝伦·沃尔夫，《如何才能幸福（上）》，岩波书店，1960年，第88页。
[2] 同上，第196页。

精神不正常。"

这位 61 岁的女性，紧紧抓住发泄愤怒和憎恨的对象不放，这就是明显的依存症患者的人际关系。虽然她总是说，是她在照顾儿媳和孙子，但实际上她一直在把痛苦强加于儿媳和孙子的身上。

现今的日本社会，就算不是这样强烈的精神症状，仍然有很多把痛苦施加给自己孩子的案例。就算关系好是好事，但是这位 61 岁的女性所说的和她关系好，却是在让对方变成她的奴隶。

她的儿媳最幸运的是，情感暴力的加害者只有这位 61 岁的婆婆。如果家中还有另一位情感暴力的加害者，就会插嘴让她和婆婆好好相处，很有可能会说："你能和婆婆好好相处是我最大的心愿。"

如果处在这样的人际关系中，人很有可能被逼入绝境，很可能失去生存的意志而选择自杀。在这个世界上大概没有什么是比"和谐相处"或是"我都是为你好"这样站在道德制高点的话更可怕的了。你没办法和说这种话的人好好相处。**好好相处是指，会说"我想这么做"，也会问"你想怎么做"的关系。**但是，在这个家庭中不会有这样的对话，只会有心怀不甘的支配欲。

　　榨取型人、欺骗型人会说："我是为了你做的哟。"绝对不会说是为了自己。让对方感到痛苦的人会说"我都是为你好"，会强迫对方求婚。这么说的话，大家可能会觉得这是一群很特殊的人。事实上，情况可能没有这么严重，其实我们所有人多少都有一点这种"虚有其表"的性格。

　　"他需要让自己看起来很强。被看起来很强这种需求笼罩的感情依存症中最显著的性格模式，与下面这样的事实有明显关系。"①

　　这些事实包括，感到不安或感到有敌意的时候，胃功能会受到刺激。现实中并不是很强，但是"有必要看起来很强"的人，有时候会突然性地暴饮暴食，就是这种身体上的表现。

　　努力，不是为了变得幸福，而是为了看起来幸福，不是为了变得更强，而是为了看起来很强，这样想的人不在少数。

　　于是，她一边流着眼泪，一边哭诉："我只是希望儿媳和孙子能觉得幸福而已。""我只是希望儿媳和孙子能觉得幸福而已"这种事，其实只是"更爱我一点"这样的对爱的呼唤罢了。

　　因为"更爱我一点"这样的对爱的呼唤无法到达对方的心里，所以对人怀有憎恨。这样的人对周围的世界怀有报复心理。而

---

　　① 罗洛·梅，《焦虑的意义》，诚信书房，1963 年，第 61 页。

且自己并没有意识到。

她虽然一次次遭受挫折，但绝对不会接受挫折。像她这样的神经症患者的愤怒，是自己的理想化形象受到了挫折，进而内心陷入恐慌的状态。

她绝对不会承认自己被孤立的事实。她那么愤怒，其实是因为受到了伤害，但是她也绝对不会承认自己受到了伤害。

贩卖善意的人

善意的支配其实是在兜售善意。强调自己作为母亲的忠于职守，其实是在试图支配孩子。用母爱这种美德在孩子的心里挂上一把沉重的锁。

用"我这么爱你"这样的话束缚孩子，母亲自己却并没有意识到自己的支配欲。通过孩子，通过夸张美德，来达到自我中心的目的。正因为站在道德的制高点，所以孩子没有办法反抗。

我把爱都给你，所以请你听我的，不过如此。邪教集团中教主对信徒非常友善、亲切，也是试图在信徒的心中挂上沉重的锁，以此来支配信徒。

就像是，不小心中毒的人说："我需要喝水。"这个时候有些人不给他泥水，而是说："稍等一下，我去给你拿纯净水。"这种看上去的善意其实是在保护自己，却没有为对方考虑。没有想一想，给对方喝泥水的话能不能解毒。

有个人小时候经常在学校受欺负、受伤，但是他的母亲却一直保持微笑。为什么？因为想被学校认为她是一位"宽大的、胸襟开阔的母亲"。所以，作为一位亲切的、友善的母亲，她没办法责备学校或是孩子。但是，她这么做实际上并没有保护孩子。所以，孩子虽然没办法抱怨什么，却不会再信任她。

这样的母亲在扮演着一位敢于放手的优秀的母亲。这样的"好"母亲大多不会被孩子喜欢。

就算自己被说也要保护孩子，这才是母亲的职责所在。但是总是微笑的、"宽宏大量"的母亲并没有完成自己作为母亲的责任，而是在逃避母亲的责任。

有依赖心理的人总是会站在强者一边。然后，她的依赖心理会变为带有依赖性的要求。把自己的要求道德化，以此来压制对方，其实是在榨取对方，却说成是自己在牺牲。

这就是道德绑架。说简单一点，就是借道德之名行欺凌之实。

也就是说，看上去好像很友好但实际上并不友好。这种友好只是为了支配对方而做出的伪装，其本人也没有意识到自己正在做的事，所以才更糟糕。

人有有意识的动机和无意识的动机。有问题的是无意识的动机。只是爱管闲事倒还好说，如果爱管闲事的人意识到自己是爱管闲事的人的话。

如何区分情感暴力的加害者与被害者？

情感暴力的加害者常常会改变立场。有时候像是理想主义者的样子，有时候又像是现实主义者的样子。因为目的是欺负对方，所以会根据场合而时常改变立场。就算是一点小事，也会责备对方说："这种事绝对不会被允许的。"但也会因为立场不同，而说："这种事都不能原谅吗？真是冷漠的人呢。"

如何分辨一个人是情感暴力的加害者还是受害者呢？只要认真观察这个人的人际关系即可。

在自己犯错的时候，情感暴力的加害者绝对不会认为自己错了。所以，就算你对他说他是"情感暴力者"，他也不会承认。

情感暴力的受害者表面上和谁都能愉快相处，但实际上心情总是抑郁的。用弗洛姆的话说，就是神经性非利己主义的人。

虽然看上去是个好人，但是无法和别人交心。而且很容易感到疲惫，更有甚者会时常头疼、失眠。身体总是不太好。这正是因为情感暴力的受害者总是在勉强自己，所以和常人相比更容易积攒压力。

表面上很平和的样子，但内心其实常常感到焦虑，无法熟睡，并且对批评很敏感。稍微被说两句就容易生气。

情感暴力的加害者总是会选择弱小的人欺负，自己是医生的话会找软弱的病人欺负，自己是律师的话会欺负正在犯愁的委托人，自己是老师的话会一直欺负认真、隐忍的学生，自己是家长的话会欺负性格好的孩子。就像本书中提到过的喜欢捉弄已经被捕到的老鼠的猫咪一样。

心的世界中有很多"冤案"

还有更复杂的是，情感暴力的受害者在看到比自己更弱小的人的时候，有时会变成情感暴力的加害者，就像被称作模范生的人，竟然会上街进行无差别杀人一样。

现实的世界中也有弄错凶手的时候，这种事可能并不多见。

但是，在心的世界中，真正的凶手常常是意想不到的人，所以"冤案"并不是罕见的事。

情感暴力的受害者是正在被没有事实根据的"犯罪"所折磨的人。世间常常会有人对"冤案"的发生感到震惊，情感暴力的被害者却很难得到关注，这大概是因为日本人没有用心去看人的习惯吧。

很多人关注抑郁症的问题，却没有人从情感暴力的方面去分析，也是很奇怪的事。

反而是情感暴力的加害者常常会用"我是被害者""我是牺牲者"这样的话去控诉真正的受害者。这种时候客观证据主义的裁判很难分辨事实。情感暴力的受害者想要申诉的时候，常常因为没有证据而不能得到救赎。

双重束缚丈夫的妻子

40 岁左右的夫人找到我，非常不满地说："我丈夫最近有点奇怪，好像从哪借了钱，有 100 万元左右。"原因是她找到了很多借款凭证。丈夫想瞒着她，还背着她把存款也都取走了，但还是被她发现了。

"到底做什么用了呢？好奇怪啊，没有办法信任他了呀，感觉自己被骗了。我明明这么努力地守护着这个家。"

追问了丈夫以后，丈夫回答说是借人了，但是她觉得并不像是那样。总之，就是不知道她丈夫到底把钱用在哪了。她甚至知道自己的丈夫现在手中有多少零钱。就算这样看着丈夫，却还是说给了他足够的自由。

她的丈夫有酗酒的习惯，我问她丈夫是不是用借来的钱去买酒了。她说好像也不是这样。

"我对丈夫说可以随他的意思，想喝酒就喝酒，但是每天都喝的话对身体不好，工作起来也会觉得辛苦，所以虽然让他去喝酒，但是喝了多少、在哪喝的我都知道。"

像这样的母亲会对孩子说："糖，觉得好吃的话想吃多少都行啊，但是别长蛀牙了啊。"

"你丈夫是不是有什么不开心的事呀？"我问道。

她一边站起来一边说："没有这样的事。我随着他的性子，想去喝酒就让他去喝酒，所以没有什么不自由或者不开心的事啊。"

然后又很不满地说："一会儿去这儿喝，一会儿去那儿喝，总是不知道节制。"

"你的丈夫是不是想摆脱你，所以才总是出去喝酒呢？"我问道。

她又会说："我总是跟他说，每天都按照自己的喜好来就好呀。"

有个词叫表里不一，就是表面上说的事情和实际上要表达的事情完全相反，又或者什么也没说但是却在传达着什么。

她嘴上也许说着表达爱的话语，但是脸色、语气上却传达出抗拒、拒绝的意思。日本有个俗语叫"举起棍子叫狗"，说的就是在语言上表现出叫狗过来的样子，但是在行动上表现的是要赶走狗的意思。

这位夫人，因为丈夫没有直接接受自己言语中表达的爱而感到愤怒。这其实对丈夫造成了双重捆绑。

她嘴上说着"你是自由的"，但是，在言语以外束缚着丈夫。她的态度是防御性的。防御性是指不想让对方了解自己的真实态度。她虽然在束缚着自己的丈夫，却想给我一个宽容大度的夫人的印象。

那种一定要强加给别人与真实自己相反的形象的人，人们很难与之打交道。大概，这位夫人的丈夫在"你是自由的"这句话中感觉到了实际上的束缚，实在受不了了，才变成这样的吧。

语言表达出现矛盾的时候，真相往往藏在非语言的表达上面，这在传播学中是常识。

连自己的意志都被剥夺的情感暴力受害者们

善意的施虐者也是在释放双重束缚。说着"只要你幸福，我怎样都可以"，实际上在满足着自己的虐待欲望。

"只要你幸福，我怎样都可以"这句话，实际是在将自己的虐待行为合理化，和"救世主情结"相似。说着"拯救人类"，其实是在把自己的自卑感合理化。

弗瑞达·弗罗姆-瑞茨曼有一句名言："自我牺牲型的献身精神其实是强烈的依赖症的表现。"看起来是连自我都牺牲了的献身精神，实际上是在支配对方。当然，其本人也认为自己是在为了对方牺牲自己。

有一种父母，束缚着孩子，却会对孩子说："我一直让你自由自在地成长。"可怕的是，情感暴力的加害者本人，也真的认为自己是在让孩子自由自在地成长。他们在束缚着孩子的同时，还要求孩子对自己给他自由表示感谢。

这种心理过程如果换成身体上的虐待，大家可能就更会明白它的可怕。这就像是在身体上虐待孩子，当孩子说疼的时候却不让他说疼，而强制让他说很享受这种虐待一样。

久而久之，孩子一边遭受虐待，一边会感到"很享受"。这样的孩子渐渐会分不清事实真相到底是什么。这样的话，只能渐渐沉浸于自己的世界，别无他法。

如果将被这样抚养长大的人比喻成青蛙的话，那也是一只被剥了皮的青蛙，已经失去所有的感觉。

如果自己的感受、意见和父母的感受、意见不一样的话，就会感到恐惧。于是，在顺应对方的要求中渐渐失去自我，失去自己的感受与意志。

失去自己的感受是一种什么样的体验，正常人可能很难理解。举例来说，就像是不知道室温是冷是热一样，没有对舒适度的判断。

进入有空调的房间，别人会问"不会很冷吧"或是"这个温度合适吗"，但是失去自我感受的人没办法回答。他们不知道到底什么样的温度对于自己来说是合适的。

晚上睡觉的时候不知道什么温度是舒适的，如果别人问他："这样可以吗？"也只能回答可以。

不知道什么温度对自己来说是舒适的，那么不管如何被问也只能回答"这样就可以"。**因为没有不可以，所以所有都是可以的。但是反过来说，所有又都是不可以的。**

这个用吃饭来举例也是一样的。被问到煮到什么程度合适时，无法回答。被问到啤酒要凉的还是常温的，也无法回答。

对于任何事，被问道："这样可以吗？"都只能回答："这样就可以。"因为他对于所有的事情都没有自己的喜恶。

加害者也是心理弱者

"只要我牺牲自己的话……"说这样话的人，其实是在将周围的人踩在脚下而只想要自己幸福。因为真的想要牺牲自己的人不会说这种话。

但是这里最有问题的是，会说这种话的人，在意识上确实是这么想的。如果被人说"你这种行为太狡猾了"，他是绝对不会承认的。不仅不会承认，还会非常生气。

这样的人绝对不会承认，他正在用"只要我牺牲自己"这样的话来支配对方，让对方按照自己的想法行动，也不会承认他是在用这样的方法向对方索求爱和关注。这样的人无论遇到什么事都不会承认"真实的自己"的心声。

他们会依赖和自己有关系且处于相对弱势的人生活下去。这就是情感暴力的加害者的生活方式。用自我牺牲的精神去绑架别人，给别人的心中挂上枷锁。然后，让别人按照自己的想法去行动，自己反而变成救世主的样子。

美国的著名生活咨询顾问艾伦·劳恩·麦克金斯曾经在他的著作中写过一个 50 岁女患者的例子。[①]

这位患者的母亲从来不会表现出愤怒，但却会冷酷无情地用眼泪控制别人。她一直在用眼泪控制自己的女儿。于是，这位患者渐渐觉得生活失去了意义，变得无精打采。

这位母亲的眼泪实际上是一种武器，她总是在用眼泪来传达"你做出让我痛苦的事情是多么不应该"这样的讯息。这位母亲其实可以不利用眼泪，而是直接说"不要这样做"。但是，**她在心理上没有完成独立，所以说不出"不要这样做"这种话。**

这种心理上的弱者总是无法直接表达自己的意志，因此最终会被身边的人所讨厌，或敬而远之。

这种人在邻居整修房屋、搭建二楼的时候不会说"不要搭

---

① 艾伦·劳恩·麦克金斯，《找出最优》，日本实业出版社，1987 年，第161 页。

楼房"这种话，而是会说"好漂亮的房子呀，我们家都被挡在阴影里了，更见不得人了"。

麦克金斯在书中写道："'你怎么能做出这种事？这样有多伤妈妈的心你知道吗？'这种说法最要不得。"但是，他却没有写什么样的说法是好的说法。其实这种时候，最应该直白地表明"我不喜欢"。

"严厉的家教都是为你好"是一种骗局

父母在对成绩或对家教要求很严的时候常常会说："正是为你着想才会这么说"或是"是为你的将来着想才会这么做"。乍看之下，这是出于爱的话语，实际隐藏的动机却不单单是爱。

这样的父母其实正深陷不安或恐惧之中。为了缓解心中的不安或恐惧，他们把注意力转移到孩子身上。

这样的话，就有必要让孩子对自己言听计从，就需要去束缚孩子、操纵孩子。不这样做的话，没有办法缓解自己心中的不安或恐惧。

"是为你的将来着想才会这么做"这种充满"爱"的话，常常是将自己心中的不安、恐惧戴上了爱的面具的表现。也就是说，只是父母在将控制孩子这件事情合理化的工具。

过度干涉，其实是在操控别人。不厌其烦地说"是为你着想"，其实是出于自己的寂寞，想要将自己的寂寞合理化而已。

在无意识中隐藏自己的寂寞，就会变成不厌其烦地对对方说"是为你着想"。这个人的"无意识的必要性"是为了治愈自己心中的寂寞。心中有伤的人，无论多寂寞，也绝不会直接说"我很寂寞"。

有工作依赖症的人，总是会不停地工作。然后，用"都是为了这个家"把自己的行为合理化。但是，不停工作的理由其实是对周围世界的复仇。

对孩子过于严厉的家教，其实是在解决父母心中的不安、恐惧或孤独等问题。为此需要去束缚孩子，所以这种家教不会成功。

对孩子严厉的时候，也就是束缚孩子的时候，这时父母才能把注意力从自己心中的不安上转移开。

总是责骂孩子的父母更容易有精神压力

孩子偷了别人的东西，但是却一脸若无其事的样子。母亲无法原谅这样的行为，所以非常严厉地斥责了孩子。尽管这样，母亲的心中仍然难以平静，于是打了孩子一巴掌。

这样这位母亲才觉得自己是位合格的母亲。但其实只是想要消解自己心中的不安、恐惧、孤独和支配欲罢了。

总是责骂孩子的父母更容易有精神压力，也更容易心生憎恨。无意识中被心中的憎恨操控，然后会变得不安。总是责骂孩子的父母，是因为自己正在受这份不安的折磨。尽管这样，本人却认为自己的行为是一位合格的父母应该做的。

有一位高中生，因为父母严厉的家教而感到痛苦。

"父亲是一位私立高中的老师，他总是认为自己的教育方法是最好的，所以我的高中也是父亲选择的。我想反对，但是父亲到现在还是会打我，因为害怕，我什么也不敢说。初中开始就给我请了家教，每个周末，每天五六个小时，我都在学习，电视、收音机、漫画书什么的绝对不许碰。"

这之后，这个孩子痛苦地在床上翻滚的时候，被带去了医院。

"马上被要求住院接受检查。脑电波检查三次后，终于被确认没有异常，但是在 CT 扫描的时候发现有些疑点。虽然这样，父亲却说会影响学习，没有明确诊断出有问题的话就必须出院。"

如何辨别真正的家教与虚假的家教？

如果父母因为孩子说谎而打孩子，其实并不是在告诉孩子不可以撒谎，而是借着"不许撒谎"这件事在欺负孩子，以此来缓解自己心中的焦虑。因为原因是出自自己的内心，所以无论如何训斥孩子心情都不会变好。

这样的父母的人生是空虚的，没有意义的。因为想要从自己的人生中移开视线，所以会不厌其烦地严厉斥责孩子。无论过多久，心中的空虚感、不安都不会消散，所以总是抓住把柄，便严厉地教训孩子。

作为母亲，因为没能实现自己的人生目标，对自己的人生充满愤怒，感到焦躁。

对孩子说的一点小谎也不放过，其实是把它当成了自己释放焦躁情绪的出口。但是，孩子撒谎这件事并不是造成自己心中焦躁的真正原因，所以不管如何训斥孩子，心中的焦躁也不会消失。

站在道德制高点去训斥孩子，只不过是要把自己心中的愤怒合理化罢了。

如何区分真正在训斥孩子的人和假装在训斥孩子的人呢？借用卡伦·霍妮的话说就是："如果她做什么都不会变得高兴，她就在假装训斥孩子。"[1]

心中充满憎恨的人，无论做什么也开心不起来。而自我憎恶其实是她训斥孩子的原因。觉得活着这件事没有意思的人，很严厉地斥责孩子的时候，也是对孩子施加情感暴力。

被道德绑架的人的心理

父母总是站在道德制高点训斥孩子，这种做法的结果会是什么样的？

---

[1] 卡伦·霍妮，《未知的卡伦·霍妮》，耶鲁大学出版社，2000 年，第 127 页。

如果被问："你想吃什么？"孩子会回答不出来想吃什么。

因为总是被训斥，所以心中有恐惧感，进而无法判断自己喜欢的东西，无法找到自己生活的目的，同样也不清楚自己讨厌的东西。渐渐地，孩子就会变得对人生感到绝望。这就是总是被道德绑架的人的心理。

孩子偷东西常常是因为寂寞，因为想得到母亲的关心。而母亲因为自己心中的创伤，所以没有办法给予孩子积极的关心。

孩子不会写字，母亲对此感到不安。于是，抢先把字写出来，然后觉得自己是一位合格的母亲。

但是，抢先把字写出来这种行为，也不过是一种把心中的不安、恐惧合理化的行为罢了。

母亲总是问孩子："做作业了吗？"她认为，这是在让孩子去认真学习。其实是希望孩子的班主任认为自己是一位合格的母亲，因为自己很在意班主任如何看待自己。

像总是斥责孩子的母亲一样，总是问"做作业了吗"的母亲不认为这种行为是在将自己的不安合理化，而认为自己都是为了孩子好。但有的时候，"做作业了吗"这句话可能只是出于自己心中无意识的不安或者恐惧。

为什么对教育很热心的家庭常常会出现问题儿童呢？这就是其中的原因。

不解决自己心中的问题是无法教育好孩子的。在教育孩子之前请先正视自己的问题，然后解决它。

因为父母也是人，也会对心中的问题感到痛苦。而且，变成这样也是有它的原因的。所以，先认清自己心中的问题吧。

认清自己心中的问题和责备自己是两回事。就算是父母，也并非被完美的父母教育出来的呀。

正义并不能解决烦恼

有位自己的孩子走上歪路的父亲说："我一直都在教他做正确的事，也一直都很严厉地教育他。我也经常告诉他偷别人的东西是不对的。"

其实，这位父亲只是一直在发泄自己心中的愤怒，只是在对孩子施加情感暴力，或者说是将自己心中的憎恶正当化。以正义之名，把对自己的不满、愤怒通过教育孩子表现出来。这位父亲为了控制孩子，可能会怂恿他，但是绝对不会表扬他，更多的时候是在训斥他。

自我厌恶的父母绝对不会表扬孩子。这样的父亲表面上看大义凛然的样子，心理上却是虐待狂。

"日常生活中他们会对周围的人提出不着边际的高要求。"①

当然，这样的人绝不会认为自己是虐待狂。

这位父亲绝对不会去思考为什么孩子走上了歪路。孩子在偷东西的时候其实是在索求爱。孩子偷了东西，正常的父母应该思考的是，为什么孩子会去偷东西？

是对父母不满吗？还是孩子内心迷茫，有什么问题？孩子在去偷别人家的东西的时候，常常是因为真正想要的东西没有得到满足。

父母应该先反省一下为什么孩子会去偷东西，不是吗？自己有没有潜意识地瞧不起别人？

如果孩子主动说他偷了东西，这个时候先不要过分责备孩子。孩子知道做错了事，告诉父母自己偷了东西，这个时候还过分责备孩子的话，那么这对父母只是在解决自己的心理问题罢了。

孩子做错了事的时候，对有情感暴力倾向的父母来说是个绝好的机会。责骂孩子是缓解自己心理问题最简单的办法。

我在精神科医学学会上的演讲中曾说过这样的话："正义

---

① 卡伦·霍妮，《未知的卡伦·霍妮》，耶鲁大学出版社，2000年，第129页。

不能解决问题，正义也不能治疗病患。"

同样在家长教师联合会上也说过这样的话："正义不能让孩子成长。"

有情感暴力倾向的人会提出矛盾的要求

在情感暴力下长大的人，常常会在遭受到暴力的时候意识不到自己正在遭受暴力，也会在没有遭到暴力时感到受到了暴力对待。

后者是因为他已经形成了被害妄想症。小时候遭受过情感暴力的人，长大后可能会变成常常怀疑自己正在被暴力对待的人。

和有情感暴力倾向的人在一起更大的危害是，你会渐渐失去感受快乐的能力，渐渐对自由怀有罪恶感。尽管周围没有了束缚你的东西，你心中也不会感到自由。

施虐者以让人痛苦为乐。看着别人痛苦，自己心里会感到被治愈。同理，情感暴力的受害者的痛苦，正是在响应对方的这种期待，而感到快乐是绝对不会被允许的事情。

有的人让对方觉得有罪恶感以此来控制对方。如果和这样的人一起生活，快乐将会是一件绝对禁止的事情。因为只有让对方失去寻找快乐的能力，情感暴力的加害者才会感到安心。

对寻找快乐这件事抱有罪恶感，是情感暴力的受害者最大的悲剧。

但是，情感暴力的加害者总是会提出矛盾的要求。因为是虐待狂，所以会以对方的痛苦为乐。

一方面，情感暴力的受害者为了满足他们，会自己禁止自己去感受快乐。对于感受快乐这件事会怀有负罪感。

但另一方面，要对说着"我为了你，给你创造了这么优越的条件"的情感暴力的加害者表示出感激的样子。情感暴力的受害者一定会被要求接受这样矛盾的要求。

更复杂的是，情感暴力的加害者会以恩人自居。他会一直炫耀"我为了你，给你创造了这么优越的条件"。

情感暴力的受害者生活中被人操控，心理上被挂上枷锁，还不得不认为"我这么自由，能够活得这么快乐都是托你的福"。

在这样矛盾的要求下，情感暴力的受害者只能渐渐沉浸于自己的世界，渐渐变得无法接触外界的现实。换句话说，情感暴力的受害者无法再对外面的世界提起兴趣。一旦对外面的世界感兴趣的话，就会发现很多事情是矛盾的，不成立的，进而精神上变得古怪。

意识到自己生活在错觉里才是新开始

情感暴力的受害者首先要转变思考方式。

第一件事，就是要认为自己可以去享受充满乐趣的人生。快乐并非有罪的。只要自己快乐就好。

至今为止心中感受到的来自外界的矛盾要求，其实只是一个人的要求、一个神经症患者的要求，并不是来自这个世界的要求，也不是普世的要求。世界并不像是情感暴力的受害者感受到的那样，总是充满矛盾，总是那样残酷。

现实世界并不会因为你快乐而要求你怀有负罪感，需要意识到现实世界中有很多"为我的高兴而感到高兴的人"。

其实至今为止，情感暴力的受害者可能都没有真正接触到现实世界，而一直活在幻想的世界中。他一直误会了真实的世界。而要开始新的人生，就要从意识到自己对真实世界怀有误解开始。总之，要意识到"我一直和虐待狂生活在一起"。因此，自己的内心世界才变得扭曲。

自己的价值观被扭曲了，所以避开真实的世界，一直生活在自己的幻想里，而真实的自己就像一台机器一样生活着，对周围没有任何的兴趣、关心。

你首先要做的，就是破坏掉施虐者强加给自己的世界和自我形象。

第三章

无意识的欺骗：关系价值的心理机制

情感威胁

"我这么相信你，为什么你不相信我呢？"这是一种感情恐吓。说这种话的人，会以此为武器要求别人做一些不合理的事情。

实施情感威胁的人，会要求别人做出一些特别的事，他们其实是在轻视对方。

"你不相信我吗？不相信的话也没有办法。"说这种话的人，实际上是在把别人当成傻子。善良的人如果因此而认真，狡猾的人就会瞧不起他的这种认真。

这样写的时候，有些人会说："不要把人都想得那么坏。"会说这种话的人其实一直在利用别人。

因为自己从没有真诚地对待过谁，所以也没有被背叛的经验。

因为自己从来没有和人深入交往过，所以也没有被人欺骗的经历。如果是一直认真地为别人考虑的人，都会有几次被人欺骗的经历。

骗子们有时候会以弱小为武器，扮演认真生活的人，让对方觉得自己是个好人。

在男女关系中也是这样。

"你是怀疑我吗？你是在怀疑我吧？"这句话就像是猛兽的牙。"你不信任我吗？"被这样问的话，很多人会回答："没有这回事。"这其实就是情感威胁的一种，也属于情感暴力。

像先前提到的那样，有情感暴力倾向的人因为性格的不同，而有不同的行为表现。

使用情感威胁的情感暴力加害者主要是卡伦·霍妮教授所说的迎合型性格的人。

"你不相信我吗？"说这种话的人，常常正在背叛对方。重申一遍，说这种话的人大都是在轻视对方。如果身边有这样的人，你的心理就容易生病。

被问"你不相信我吗"，然后做出相信对方的举动，你就会上当受骗。被骗的人在意识到自己原来是被欺骗了的时候，会非常后悔，有可能会因此压力过大而导致身体上的疾病。

普通人一般在这种场合会问："你到底在怀疑什么呢？"

而不会说："你不相信我吗？"骗子们一般才会从情感威胁入手。

比如，要去骗取某个人的财产时，他们会用"我们是一家人啊"或是"都是日本人，我们好好相处嘛"这样漂亮的话，使对方难以拒绝，然后提出某种要求。

一般人会和正面迎来的威胁做斗争，但是很少有人会对情感威胁表现出反抗。

明白受骗了的时候已经晚了

日语中有句俗语是："借一下屋檐，却被夺走了房子。"说的正是"借给无家可归的人一个屋檐都不行吗"这样的情感威胁。被这样情感威胁后，借给他一个屋檐，结果最后连自己的房子都被他占据了。

被情感威胁的时候，一定要保持警惕的是，会使用情感威胁的人本质上都是坏人。绝对不能信任会对你进行情感威胁的人。如果不小心相信了他们的话，便会被他们拖着坠入地狱。

说好听的话的时候，背后其实藏着丑陋的欲望。习惯性骗人的人嘴上总是说着漂亮的话。为了满足自己肮脏的欲望，说漂亮的话是最有用的办法。

"只是借一下屋檐"或是"只是借用一下"这样的话，从本质上来说就是性质恶劣的语言，是骗子们惯用的伎俩。"只要借用一下就好"，说这种话的时候，他们就已经在算计着骗人。

因为从一开始就是在算计着要骗人，所以会慢慢擦去"只是借一小下"的证据。当你意识到自己被骗了的时候，已经到了无法挽回的地步。必须要警惕会说"只是借用一下屋檐"这种话的人。会说这种话的人，其实是要拿走你的全部。

被一点一点夺走房子的人，很难向别人说清楚到底经历了什么。心中已经没有那份从容，去和人说自己是如何一点点走进圈套的。

也有人因此铤而走险，制造出社会恶性事件。然后，社会上的大多数人反而会指责这个人。欺骗他的人却维持着一副好人的样子。

被情感威胁，进而连房子都失去的人，意识到事态的严重性的时候，情况已经无法挽回了。因为对方是有计划地在欺骗你，所以你可能找不到证据去揭发他。于是，只能沉溺于愤怒，诉诸暴力。

但是，周围的人反而会觉得这个人为什么这么愤怒呢？

狡猾的人善于说好听的话

被情感威胁，帮别人善后，被人操控、榨干，怎么想都是对方的不对。

但是善于情感威胁的人会说："我们是朋友啊，连这点小忙都不帮吗？"

所以，一般人在这种时候都不会认为是对方的问题，是因为他们在用看不见的方式作恶。坏人们常常不会给别人留下自己做坏事的证据。

被这样的人欺骗、利用，谁都会感到懊悔。如果这样的事重复发生，人可能会全身心都被憎恨占据，进而变得心理扭曲。

做什么都无法快乐起来，讨厌所有的人，做什么都感到辛苦，活不下去但是也死不了，夜里睡不着，白天也总是醒不了，自己已经都不是自己了。

变成这样的话，憎恨就不是指向特定的某个人，而是对身边的人都怀有恨意，变成无差别的憎恨。这样的话，这个人可以说已经走上了绝路，什么时候变成杀人犯都有可能。

对身边所有人怀有无差别的恨意的人，心中总是在想："为什么只有我过得这么惨？"他的心中总是感到不公。如果从小就受到这样的待遇，当他的愤怒和憎恨无法抑制的时候，就会发生无差别杀人事件。

不只是原谅不了让自己变成这样的人，连这个社会都无法原谅。因为没有办法向别人说清楚自己为何变成了这样，所以会诉诸暴力。因为憎恨的情感已经遍布全身，所以失去了与别人沟通、为自己辩解的能力，已经丧失了作为一个正常社会人的本能。

因为长时间的忍耐，最后忍耐力也会到达极限。

然而，周围的人还会劝说道："都是家人，应该和睦相处。""都是邻居，还是好好相处吧"又或是"都是朋友，有什么不能解决的？"

会说这样的话的人，其实都很狡猾。用这种话对对方造成情感威胁，束缚对方的内心，使之不能决绝或反抗。

一般会说这种话的人，都是想要从对方身上索取的人。漂亮的话不过是为了在对方的心中挂上枷锁罢了。但是，世人一般很难判断说着漂亮话的人的内心到底是怎样的。

以爱之名榨取对方

在序章中稍稍提到过，不动产商人是如何卖掉不太好卖的土地的。他们一般会利用纷争。

有块土地不是很好建房子，但是又想卖掉，怎么办呢？他们会说着"都是邻居，还是好好相处吧"这种话的同时，破坏掉旁边房子的围墙。只要在这块土地上能建好房子，就能将地卖掉了。

也就是说，想要卖掉没办法建房子的土地，只要破坏掉邻居家的墙，强行将房子建起来，就可以了。这样就能将一文不值的土地卖出高价来。这时候，不动产商就会利用"都是邻居，还是好好相处吧"这种话，破坏掉邻居家的围墙。

"大家只要稍微忍耐一下，这个社区就会变得更漂亮。"说着这种漂亮话，然后破坏掉别人家的围墙。被这样一说，很多人都没有办法拒绝。

当然，他们一定会承诺将恢复原状。但是，一旦建起了新的房子，围墙什么的就不可能再和原来一样了。

习惯用情感威胁的人，一旦处于优势地位，态度就会马上转变。

"都是邻居，还是好好相处吧"这种话很难反对。这正是情感威胁的恐怖之处。"只要您能把墙稍微砍掉一点，×××家的房子就能盖起来了，当然我们会马上把您家的院墙恢复原状的，希望您能理解一下。"如果被一而再再而三地这样询问，一般的人很难拒绝吧。这正是情感恐吓的"妙用"。

"您要是不能通融的话，×××家就没办法盖房子，他们就无家可归了。"被这样说的话大部分人会表示理解。但其实这只是不动产商的伎俩，他们给"赚钱的欲望"戴上"都是邻居，好好相处"的道德假面，进而以此操控别人。

一般的人绝对不会上来就说"都是邻居，还是好好相处吧"，因为时间久了，邻居之间自然会好好相处的。如果一开始就说"都是邻居，还是好好相处吧"这种话，这个人大概就是不动产商或是要从这块土地中谋利的人。

会进行情感威胁的人一定不会留下对自己不利的证据，而是会以爱之名榨取对方。

一定要小心戴着善意假面的坏人

会从上述的不动产商手中买下房子的人，也是视自己的利益大于一切的人，就算是给别人添了麻烦，也要让自己获利。对邻居的牺牲，一定不会抱有感激之情。

而被骗的人没有实际证据能证明一开始说的"会恢复原状"。买了这所房子的人会认为，自己是从不动产商手里买的房子，破坏邻居房子的人又不是自己。所以，不会怀有感恩的心。更有甚者，会因为居住的不方便而对邻居产生抱怨。

于是，围墙被破坏了的家庭只能忍受围墙被破坏了的事实，只能一直压抑自己的愤怒。但是，总有一天愤怒抑制不住爆发出来，变成暴力事件。尽管是因为对方的行为才发生了暴力事件，但是社会上普遍认为行使暴力是不对的，这家人反而会变成坏人。

于是，这家人又要受到来自周围人的诟病，久而久之，心情抑郁就会引起身体上的问题。

"但是，意识上的争斗变得无法忍耐的时候，这个理由不管是因为争斗太激烈，还是因为结果不满意，最后都会在生理上表现出来。"[①]

这正是压力在身体上的表现。我看过很多被欺骗的人最后身心俱疲的样子。我觉得对善良的人使用情感威胁的行为绝对不能被原谅。

但是，这样的问题却得不到周围的人的理解。这是因为不动产商和邻居制造了没有任何证据的完美陷阱。

被骗的人得不到周围人的理解，坏人反而总是戴着"善意"的假面，扮演着好人。

想要骗人的人一定会事先计划好，所以绝对不会留下证据。而被骗的人总是处于不利地位，而被留下许多不利的证据。在客观证据主义的裁判眼里，怎么看都会是骗人的一方更有利。被骗的一方处于不利地位。也就是说，客观证据主义的裁判会觉得被骗的一方很傻很天真。

那些戴着"爱或正义"的假面登场的人，他们总是欺负善良又弱小的人，而这类人也总是会被狡猾的人当作目标，最后被愚弄得身心俱疲。

性质恶劣的小偷会利用情感威胁来控制善良的人，一方面

---

① 罗洛·梅，《焦虑的意义》，诚信书房，1977 年，第 67 页。

偷走对方的金钱，一方面又给对方的心理留下阴影。会实施情感威胁的坏人一般不会留下任何证据，相反总是以爱之名榨取对方。

被这样的人欺骗了的人，没办法向别人解释自己的愤怒。忍耐不成变成暴力，进而变成犯罪者。

当然，还有一类暴力受害者是隐忍的，他们虽然很弱小，但是却很温柔，不诉诸暴力，一直忍耐，最后却可能患上癌症。

突然间，甜言蜜语变成破口大骂

人畜无害的脸庞突然变成可憎的模样。用柔软的近似女性的声音说话的男人突然态度大变用很粗的声音开始骂人。

前一分钟还在说："那真是太感谢了！"后一分钟却突然变成一副厚脸皮的样子破口大骂："你傻吗？怎么可能有这种事！"

一般的人一定会对此感到诧异。但是，感到诧异的时候已经晚了，已经掉入了他们的陷阱中了。

前一分钟还在说："我只希望大家能和睦相处，这是我最大的愿望。"后一分钟突然态度大变，怒骂："别人说的话轻易就信吗？亏你长这么大，是不是傻啊？如果不是写在纸上、盖上印戳的事，只凭嘴说是没有任何意义的，别傻了。"

"当初不是说好了吗？"如果你这样质问他，"口说无凭，一张嘴说出去的话有什么证据吗，傻子"。他会平静地反驳你。本来十分谦卑的人态度突然变成会进行情感威胁的人，一旦处于强势就会开始欺负别人，甚至会做出超出常人理解的冷酷的事情。因为不是这样的恶人就不会对人用情感威胁。经常使用情感威胁的人是十分恐怖的。情感暴力的受害者们常常无法理解这种事情。

会使用情感威胁的人，只要是为了自己的利益什么事情都做得出来。**没有自尊心，所以什么都可以做**。**背叛、欺骗、隐瞒、榨取，什么都可以若无其事地做出来**。使用情感威胁的人是人品最差的人。黑社会的话就是一副黑社会的面孔，流氓的话就是一张流氓的脸。但是，使用情感威胁的人却戴着一张好人的脸，歌颂爱和正义，却做着强盗做的事。

如果辱骂别人会给自己带来不好的后果，下一次态度就会180度大转变，笑着说："实在是对不起，那个时候真的不是我的本意。"

之前说的话和现在说的话充满矛盾也没关系，完全不会在意。因为别人对他来说只是操控的对象，而不是爱的对象。因为自己是为了钱什么事都做得出来的人，所以才会对别人说"你为了钱什么都做得出来吗"这样的话。

施虐者无法察觉自己的真实愿望

惯用情感威胁的人和歇斯底里的人一样，自己处于强势的话就会把利己主义贯彻到底，是没有眼泪也没有热血的冷酷的利己主义者。自己处于弱势的时候就会使用情感威胁让自己的立场发生变化。

这样的人处于强势的时候和处于弱势的时候完全是两种动物。

自己向别人发出请求的时候可以表现得俯首帖耳，一副善解人意的模样，嘴上总是说着德、善。一旦处于强势，态度马上转变，任何小事也不放过，变成彻底的利己主义者。

欺负弱小的时候什么良知也没有。只要是为了自己的利益什么都做得出来，这就是惯用情感威胁的人近似变态的利己主义。

对一般人来说的背叛，对他们来说倒像是一种功绩。自己处于弱势时受到别人的帮助可以完全无视，变得恶毒无情。

扮演着好人，使用情感威胁，让对方让步的人，一旦自己从弱势中脱身，态度就会全然改变，不仅不会让步还会得寸进尺地索取。

惯用情感威胁的人是那种可以拿着刀子威胁别人的人，这一点永远不要忘记。只要认为对方比自己软弱，就会威胁对方直到对方一无所有。

可能很多人会认为情感威胁是语言上的威胁，并不像是用刀威胁人那么严重，但这绝对是错误的观念。用情感威胁可以使对方按照自己的意愿行事，那么就用情感威胁；如果对方没按照自己说的做，诉诸武力也不是不可能发生的事。情感暴力中，情感威胁是最可怕的一种。

"施虐者常常意识不到自己内心的破坏欲、支配欲。"①

会欺负别人的人如果能意识到自己是欺负人的恐怖的人，那还算好。

人类一直在理所当然地杀害动物，以其为食物。并不是要说人类多么恐怖，而是说人类一直生活在这样的环境中。

---

① 埃里希·弗洛姆，《人间的自由》，创元新社，1955 年，第 262 页。

情感暴力的加害者对自己的情感暴力行为完全无意识，表面的行动全是这种无意识的反面形式。也就是说，他会特意表现出和施暴者完全相反的样子，常常把爱、道德之类的词挂在嘴边。

"对这种反面形式来说，最极端的表现是，用这种'美德'去支配别人、约束别人。"[1]

这种基于"美德"的支配正是虐待狂的表现，也就是说，情感威胁是虐待的一种表现。

用美德去伤害身边的人

利用情感威胁去骗人的人是虐待狂。所以，一旦被他们盯上就会发生恐怖的事。

弗洛姆说："虐待狂没有意识到自己的破坏欲、控制欲。"同样的，惯用情感恐吓的人也没有意识到自己的恐怖之处。

如果让惯用情感威胁的人掌权，他们将是最恶劣、最没有

---

① 埃里希·弗洛姆，《人间的自由》，创元新社，1955 年，第 263 页。

品德的人。

被这样的人欺骗而走上歧途的人反而更有人性。社会地位和人品完全是两码事。

施虐者没有意识到自己的欲望而认为自己是善人，这样的人是会使用情感威胁的人。

就像惯用情感威胁的人没有意识到自己的虐待行为一样，被威胁的人也常常意识不到自己强烈的依赖心理。

情感暴力中加害者和受害者都没有意识到自己正在做或正在遭遇的事情。这就是如今日本的现状。

所以，现在的日本越来越少有那种看上去很快乐、很幸福的人。

自己如果正在被情感暴力者操控着，就算没有意识到这一点，也很难是看上去快乐的样子。被操控的一方也常常会用美德去伤害身边的人，所以面孔会变得扭曲。

生而为人，我们其实不一样

生而为人，我们都是一样的，这种说法纯粹是把人往地狱里推。现实中有好人，也有坏人，有魔鬼，也有天使，这才是社会的本来面目。尽管如此，却叫嚣"生而为人，我们都是一样的"这种话就和单纯对人说"你快点变成魔鬼的食物吧"是一样的。人和人绝对不是一模一样的。

随意利用别人的人、牺牲别人的人、欺骗别人的人、吸食别人生命的人，现实中太多了。

社会中有欺骗别人却叫嚷说自己被欺骗了的人。长着施暴者的脸而施暴的人还好说。社会上还有很多自己是施暴者却长着一张受害者的面孔的人。这样的人最为恶劣。

"生而为人，我们都是一样的"这种话有时是在说不要把坏人想得那么坏，其实他是很伟大的。

对正在受到情感威胁而深感痛苦的人说"遵循你的良心"这种话，就像是在说"你快点变为奴隶"一样。因为有情感暴力倾向的人没办法真的和人亲近，没办法真的和人友善交往，只考虑自己的利益，是最冷酷的利己主义者。

弗洛姆所说的榨取型的人又是什么样的呢？

榨取型的人也是只想着如何从别人那里得到东西。和这样的人"和睦相处"的意思就等于让你尽情地被他索取。不看对方是谁，只说"和睦相处"这种话，是恶人的天堂。

尽管不像人类这样有如此的不同，在狗仔中也有这样的事情发生。五只新出生的小狗，什么也不想，只是喂食给它们。这样的话，弱小的狗就会吃不到食物。对这只弱小的狗说"和睦相处"，基本上就像和它说"你快点死吧"是一样的。

"和睦相处"这种话，应该是对更强有力的小狗说的话，而不是对五只小狗都说一样的话。对五只小狗来说，没有大家都适用的标准。**真正的善意，对不同的人应该也有不同的标准。**

本来社会的规定也应该分为两类。榨取型的人应该遵守的规定和弱小的人应该遵守的规定应是不同的。

应该遵守的规定因人而异，这才是对的。社会中有榨取型的人，也有善良又弱小的人。然而，现在一旦发生纠纷，就拿出同一套标准来衡量。

对有的人可以说"一家人要和睦相处"或是"邻里间要和睦相处"这种话。但是，**对有的人，应该告诉他们"并不一定要和家人和睦相处，并不一定要和邻居和睦相处"。**

现在的良识①，常常是无视社会中有各种各样的人存在而得出的结论。就像在其他地方说明过的一样，骗人的人常常会为了自己的利益拿良识来说事。

---

① 良识，指某种健全的思考方式和判断力。日本哲学家三木认为"良识"是"常识"的上位概念，相当于"明智"。

为什么强迫别人牺牲的一方喜欢拿良识说事？

欺骗买主的不动产商的例子说过很多次了。他们要卖掉难卖的土地，欺骗买主时就利用了良识。

总是把"邻里间要和睦相处""下次你有事的时候，邻里之间可以互相照应"这种话挂在嘴边的不动产商，绝对是要行欺骗之实。他们话中的意思，其实是"为了我能赚钱，你们都牺牲一下吧"。

总是挂在嘴边的话和实际上在做的事正好相反。"邻里间要和睦相处"这种话应该是牺牲了自己的利益的一方所说的话，而不是把利益牺牲强加给别人的一方说的话。

这就是良识在实际运用中的难处。因为说的人不同，良识有可能会变成杀人的枪，也有可能变成保护人的枪。在现实社会中，良识本身并不是问题。最大的问题是，谁在用良识说话，他处于什么立场。

再好的事情，因为说的人不同，也有可能变成坏事。

像前面写到的："借个屋檐最后连房子都被夺走"。想要夺走房子的人绝对不会说："把房子给我。"在一开始只会说：

"借我一个屋檐，可以吗？"

"借我一个屋檐，可以吗？"说这种话的人，从最开始就想夺走整座房子。夺走整座房子计划中的第一步就是借一个屋檐。

如果不借给他屋檐的话，就会变成"连屋檐都不借一下的小气鬼，冷漠的人、完全不为别人着想的人"。他会对不愿意借给他屋檐的人说："看到有困难的人，连个屋檐都不愿意借一下吗？"这就是情感威胁。

这样就会渐渐被他夺走重要的东西，从而留下很多无法为外人道的痛苦回忆。社会上有很多像这样骗人的人，对这样的人让步1厘米就相当于退让了1000米。

比如，有个想骗取别人财产的人，会说着"都是一家人"或是"邻里间要和睦相处"又或是"大家都是日本人，应该相互照顾"这样的漂亮话，让对方很难拒绝他的提议。

惯用情感威胁的人不会与人争执，而是会哭诉、卖惨。"我明明是为你着想，你怎么可以这样"，通过说着这种话，让对方做很多事情。容易被情感威胁的人，都是些很遵守规则的人。

为什么会被骗呢？

有两种人容易上当受骗，一种是孤独的人，一种是严格遵守规则的人，而后者当中很多人要么不了解爱，要么与母亲的关系不亲密。

对骗子来说，这样的人就像烤熟的鸭子。因为他们总是认为，对别人应该亲切随和。

严格遵守规则的人的内心变成了自动门。自动门本来应该是有人通过才会打开，但是他们却设定成了有重量的东西通过就会打开，哪怕不是人。自动门并不明白自己和对方的关系，所以即便小狗通过，也会打开。门就像是一种关系。严格遵守规则的人只按照规则行事，只要符合规则就不考虑实际情况，不去管那些规矩出自谁口。

情感暴力的受害者不会去区分规则是谁说的。他们认为，无论是谁说的，无论是在什么环境下，规则就应该被遵守。会受到情感威胁的人是规则意识强的人，是深信"存在即义务"的人。

不动产商希望邻居能接受他的要求，而对周围的人说："邻里间和睦相处是我最大的愿望。"

需要很长一段时间的交往，邻里间才能建立初步的信赖关系。没有任何交集的人搬到旁边，说"邻里间要和睦相处"这种话来让你让步，很明显是在使用情感威胁。搬到旁边的人可能看起来很和蔼，但其实和黑社会有关系也说不定。**一般来说，遇到总是把漂亮话挂在嘴边的人，就要多想一想是不是情感威胁。**比如，不动产商常常说"城市的绿化最重要"或是"街道宽敞明亮，大家都方便"又或是"我擅长的是城市规划，并不太擅长买卖不动产"这种话。

这样漂亮的话目的何为？一般都是为了将卖不出去的土地卖掉，让自己受益而已。一般要去想一下为什么这个人总是说这样的漂亮话，这个人的生活和他所说的漂亮话是否相称。

说很多漂亮的话其实是为了骗人，这一点情感暴力的受害者无论如何都很难理解。

加害者需要受害者，是一种怎样的心理？

像这样总是说漂亮话的人，会突然间态度 180 度大转变。

他们态度转变的时候完全不会考虑别人的感受，并且很得意于这样的转变，会说类似于"我就是如此会做工作"这种话。态度上的大转变也被他们看作有能力的证据，而在他的同僚中这样的人常常会被看作能干的人。

惯用情感威胁的人不止会做出情感威胁这样的事。也就是说，他们是恶性的人。做一件坏事的人，其他的坏事也可能做。

用不动产商人做例子的话，就是卖土地之前和之后态度完全不一样的人。

卖土地的时候，不动产商人不对土地进行详细说明，只是说"到这为止，是你的范围"。

卖掉后，说的话就完全不一样了，本来说好的范围内出现了各种私道，不完全属于买家的土地。

像这样态度 180 度大转变的不只是不动产商人，家庭中也常常有这样的事。

有位自闭症孩子的母亲，在家中常常有两副面孔。

丈夫不在家的时候，她就性格散漫、放任，满嘴脏话；丈夫在家的时候，她会就国外时事进行讨论。

丈夫不在家的时候，她对孩子不管不顾；丈夫在家的时候，又表现出极为关心孩子的样子。

在这样的家庭中长大，孩子心理会变得扭曲，身心疲惫。不明白到底是为什么，只能钻进自己一个人的世界中去，唯有如此才能残存下去。

这位自闭症孩子的奶奶，曾经到学校询问孩子是不是受到了母亲的虐待。想要亲自监视，于是让孩子不要再去学校了，觉得在家中才最安全。

"妈妈会在爸爸面前哭。"孩子说。但是，母亲一个人的时候，会开心地唱歌。这位母亲会威胁孩子，想用轻松的办法让孩子变成自己理想中的样子。

她会对孩子说："这么好的母亲是会死的哟。"这会让孩子们陷入恐慌，她以此来找到自己的存在感。作为情感暴力的加害者，这位母亲在心理上非常需要作为受害者的孩子。于是用父母会生老病死这种话作为威胁，捆绑、束缚住孩子。

善意，不应该是被别人要求的

慣用情感威胁的人，内心一定不会尊敬对方。常常被这样的人欺骗的人，心中一定要铭记这一点。

这样的人总是满嘴漂亮话，但是，全都是心口不一的话。因为不尊重对方，所以才能毫不在意地改变态度。如果有一点点关心对方或是尊敬对方，都不可能有这样大的态度转变。但是，等你见到他转变态度的时候就已经晚了，你已经被骗了。

慣用情感威胁的人会向别人索取善意，但是自己没有一点善意的行为。这是因为他们是利用情感威胁让自己获益的人。

当对方说"我们好不容易成了朋友"或是"我明明一直那么尊敬你"的时候，认定这个人是"狡猾的人"一定不会有错。因为这样的话都是在使用情感威胁罢了。

心中一定要铭记，善意不应该是被别人要求的。不管是多小的善意，被要求付出善意的时候，对方正在对自己使用情感威胁。

处在情感暴力下，心灵支离破碎、不知道如何重新开始的人，首先要理解情感威胁的本质。

这样的人因为长期受到情感暴力，感到人生已经走到尽头，这个时候努力改变一下自己的人际关系吧。

心怀不安的人的攻击性不容易分辨

"临床实践已证实，敌意和不安有直接关系。"[1]

如果只是止于不安的话，那还仅仅是个人问题。但是，当不安演化为敌意时，他就会影响周围的人。和心中怀有不安的人交往会被无情地对待。

这对周围的人来说也是一件非常苦恼的事。无论自己如何想平稳地生活，都会遭到心怀不安的人的攻击、干涉。一开始可能是口头干涉，最后会变成谩骂、指责，**心怀不安的人普遍表现为喜欢批评别人。**

这种批评有时候很直接，有时候是间接的。直接的谩骂很容易分清，直接的攻击说明这个人是攻击型人格的人。

---

① 罗洛·梅，《焦虑的意义》，诚信书房，1963 年，第 116 页。

但是，用道德当盾牌攻击别人的时候就很难判断了，变为情感暴力的时候就更难判断了。这种是迎合型人格的人发起的防御性攻击。

攻击性可以分为两种，一种是不满，一种是不安。不满的人的直接性攻击很好判断，不安的人的间接性攻击很难判断。

把嫉妒伪装成正义或爱的时候的攻击更难判断。

一般来说，嫉妒心极强的人都怀有敌意。怀有敌意的嫉妒一般来自于懒惰的人。因为自己不想动，所以嫉妒勤劳者的果实。

反过来攻击委托人的辩护人

心怀不安的辩护人会反过来攻击委托人，而去迎合对方的辩护人，就像医生会攻击自己的病人一样，是一种暴力行为。

我有一位朋友，为了某件事情拜访辩护人的事务所。从一开始，那位辩护人就对委托人怀有敌意。这位委托人想，这么有攻击性的人在和对方争辩的时候会更有力吧，于是，和他签订了契约，支付了委托费。

但是，这种带有敌意的强烈的攻击性只针对相对弱小的委托人，在面对强大的对手的时候，却表现出一副顺从的模样。

会攻击委托人的辩护人还有一个特征，那就是为了掩饰自己的无能而对委托人施加高压。

没有为委托人做什么辩护行动的辩护人，才会对自己的委托人进行攻击。这也是为了隐藏自己没有好好工作的事实。

心理不安型的辩护人是最差劲的辩护人，他因场合不同可能会变成委托人的敌人。所以，无论他被吹捧成多么有能力的辩护人，都不要找这种不安型性格的辩护人。

直接表现敌意的人还有救

刚刚讲的那位朋友，因为受到两位辩护人的攻击，压力过大而导致癌症，在住院接受治疗。

这种情况在任何一种关系中都有可能出现。

在因病死亡的人群中，美国人最多的死因是心脏病，而日本人最多的死因却是癌症。大概是日本人常年受到各种各样的攻击，压力累积致癌的人越来越多了吧。

有个人想要离婚，离婚的时候却被家庭裁判所的调停委员攻击。他因此来找我商量。在弄清事情的原委后，我发现这位调停委员属于不安型的人，在这个过程中，他表现出了强烈的敌意。他会攻击离婚调停中的一方。

在某次调停中，法官读完调停内容后，都感到震惊，问当事人："这样真的可以吗？"

会直接欺负弱小的人，又或是会对周围人表示愤怒的人，不会压抑自己的愤怒或敌意。所以，不会被心中的"充满敌意的攻击性"所折磨。

而有脾气却不能直接发出来的人，便会积郁成疾。

敌意无论是直接的还是间接的，总会爆发出来。本书所讲的情感暴力是间接敌意的表现。

所以，社会总是充满危险的。因为有很多欺负弱小来让自己心中得到安定的人。

乘人之危的人也很多。看到别人示弱而趁机威胁的人也很多。这并非只是暴力团伙的作为，普通人中也有很多这样的人，就像是有些辩护人会攻击自己的委托人一样。

因为没能在理想的亲子关系中成长，所以在日常生活中会对别人释放恶意的人也很多。而能够直接表达敌意的人，虽然听上去有些奇怪，但仍然是有救的人。

扮演好人的坏处

无论有没有敌意，都不将之表现出来的人，会因为精神压力过大而导致高血压，或者头痛，又或者其他精神上的病症。会直接释放敌意的人，长远来看，可能会失去人与人的信任，但是比起抑制自己敌意的人来说，对身体要好一点，不会导致疾病。也就是说，从广义上来说，情感暴力的受害者比情感暴力的加害者不容易得病。

当然，能够抵御不安的人不会导致精神上的疾病，也不会导致肉体上的疾病。另外，不能抵御自身的不安，而做出反社会行为的人，也不会导致疾病。

"抵御心理不安的能力和躯体形式障碍的概率成反比。"①

躯体形式障碍是一种神经症状，主要表现为心理问题导致的身体上的症状。

即使不能抵御不安，会引发神经症性质行动的人，身体也不容易生病。像之前说的那些，背地里使坏的人、欺负弱小的人、

---

① 罗洛·梅，《焦虑的意义》，诚信书房，1963年，第66页。躯体形式障碍是一种神经症，它以持久地担心或相信各种躯体症状的优势观念为特征。

空穴来风散布别人坏话的人、散布丑闻陷害别人的人，这样的人很少会因为心理问题而造成身体上的疾病。

也就是说，能够毫不在意地做一些社会不认同的事情的人，不容易出现神经上的病症。会大骂别人傻瓜的人，不会因为压抑敌意变得不安，也不会导致身体上的疾病。恶人有不容易生病的倾向。

最容易生病的人是，没有抵御心理不安的能力，却又扮演好人的人。

因为要像一个好人，所以不能大声谩骂别人，不能当面批评别人，不能做出反社会性的行动，不能挥舞着正义的旗帜去伤害别人来治疗自己的胆怯，也不能用坏话去中伤讨厌的人来治疗自己的内心，也变不成其实憎恨到了有种想杀人的冲动，却呼吁着"反战和平"的伪善的人。与此同时，又不能抵御心理的不安。这样的人最容易生病。

耗尽自己的人常常是那种无论有没有敌意，都要扮演好人的人。

狡猾的人对弱小的人非常敏感

"狡猾的人对弱小的人非常敏感",这件事我曾多次强调。弱小的人总是会把狡猾的人吸引过来。

耗尽自己的人身边总是有"带有敌意的攻击性的人"。耗尽自己、会得抑郁症的人,患上自律神经失调症的人,是"带有敌意的攻击性的人"的最好食粮。

只要对这个弱小的人纠缠不休,一直打击,自己就不会因心理因素生病。没有什么比这更好的事了。不需要吃药,也不需要看医生,只要一直把压力发泄给他们就好了。

这正是情感暴力的加害者的心理写照。情感暴力的受害者很容易变成被情感暴力的加害者纠缠、持续遭到攻击的人。

直接释放敌意的人不遵守社会规则,也没有基本的良知,所以,最后会找不到与之亲近的人。

这样的人虽然不会生病,但是人生也不会有积累。身为父母,也无法正常养育子女。

人生没有积累会导致情感上也没有积累。上了岁数,最后没了力气，也得不到任何人的帮助。

简单来说，想要幸福的人生，就需要有能够抵御不安的能力。为此，就需要了解情感暴力的心理，然后持续不断地努力。后悔的时候，只是忍住后悔的情绪的人并不会成长，而将此视为自己成长的机会的人才会成长。

总是满嘴脏话的人和有忍耐能力的人培养出的孩子会完全不同。

在漫长的人生中，只要不会耗尽自己，学会忍耐总是好事。忍耐的时候固然辛苦，但是忍耐到底的人会得到幸福。

再说一遍，一定要了解情感暴力的心理构造。

情感暴力的受害者心理上满目疮痍

心理世界是个弱肉强食的世界，被吃掉的总是那些抑制型的人。和恶劣的非抑制型的人接触的时候，软弱的抑制型的人最容易受伤害。

非抑制型的心理健康的人是有精气神的、明快的、充满能量的人。抑制型的心理健康的人是善解人意的、为他人着想的、善良的人。

如前所述，"生而为人，我们都是一样的"这种话一直都是错误的，人和人是不一样的。抑制型的人一定要将这件事铭记于心。

如果长期被利用、被伤害，到一定年龄后就会觉得心力交瘁，耗尽自己。这时候想从头再来，也很容易再次被欺骗、被利用、被伤害。

遭受过情感暴力的人，如果不培养自己用心看人的习惯，多少次从头再来都会遇到被欺骗、被利用、被伤害的情况，最终耗尽自己。情感暴力的受害者在心理上非常需要人的陪伴。但是，如果不会用心看人，最后还是会让身边充满了性质恶劣的人，最后把自己逼入绝境。

过劳死的人常常是肉体上疲劳困倦，同时心灵上满目疮痍。

身体上满目疮痍的人，会注意休养生息。但是，内心满目疮痍的人，有时候甚至意识不到自己的心已经遍布创伤了。

情感暴力的受害者其实都已经深深地受到了伤害。

可能会过劳死的人，也许会觉得事情已经这样了，无法改变。但是，在变成这样之前，试着改变一下人际关系，也许就不会导致死亡了。过劳死的人，大多是因为身边充满了性质恶劣的"掠夺者"，已经无法自由行动了。

但是，有可能会过劳死的人，都是非常认真工作，责任感强的人。这样的人对于情感暴力的加害者来说也是最有利用价值的。

认真且拼尽全力地工作却没有任何进展的时候，是需要转变人际关系的时候。人生的很多情况，并不是只要努力就能跨越的。为了不变成耗尽自己人生的人，就需要对现状有正确的判断。

情感暴力的受害者常常是无法对现状做出正确判断的人，常常是因为自己本身的不安。

总是不安、没有心灵的人最容易遭遇悲剧

会成为情感暴力的受害者的人，常常是不安的。因为不安，所以想要寻找安心，不知不觉就会依赖他人。平时就喜欢依赖别人的人，感到寂寞的时候就更加需要别人的慰藉，就会没有限度地迎合别人。

小的时候没有得到爱的人，最容易无差别地向所有人索取爱，抑制型的人尤其如此。因此，他们更容易成为性质恶劣的

人的诱饵，更容易被榨取型的人压榨。这就像是饥饿的人，因为实在是太饿了，就去吃腐坏的食物一样。

口渴到感觉就要渴死的时候，更需要判断眼前的水是不是盐水。但是，很少人会在那个时候有那份闲心关注这个。

时间久了，身边就会只有不能喝的水。情感暴力的受害者不明白这个道理，被大家要和睦相处的道德绑架，到死都压抑着自己，到死都在拼命地努力。

"向死而生"的危险性

"向死而生"的倾向是指热爱死亡的倾向。弗洛姆认为，热爱死亡的人都是渴望力量的人。情感暴力的加害者都有这种倾向。

从外表上看，令人羡慕的母亲和有"向死而生"情结的母亲做的事并没有什么区别，但是"家庭的氛围"不一样。让孩子变得奇怪的正是"家庭的氛围"。

"进入有名的单位，当官发财。"说这种话的母亲常常会说，我是为了孩子的将来考虑才这样说的。但是，这其实大多是从母亲的"向死而生"的倾向出发的话，其本人却以为自己是为孩子将来考虑的优秀母亲。

热衷于让孩子上各种私塾的母亲，常常有这种倾向。她们对时代已经渐渐显现的非学历社会的倾向置之不理，只关注"未来的险恶"。

母亲总是说："必须拿 100 分！必须拿 100 分！"对孩子来说，这就是一种压迫。

"这样的成绩现在也许还可以，但是将来怎么办呢？"说这种话的母亲，并没有真的在考虑孩子的未来。

"就这样你能考上什么大学呢？去不了好的大学，以后就业会很困难。社会可不是闹着玩的，你这样是没办法在社会上立足的。"总是这样激烈地威胁孩子的母亲，大多有"向死而生"的倾向。

孩子说想要成为芭蕾舞演员。有些母亲却说："不行，你还是好好读书吧。"或者说："你当体操选手比较合适。"自私地设定孩子的未来。明明是为了安抚自己的自卑感而说的话，却深信是为了孩子好。

"诶？奖金怎么这么少？这怎么办？马上孩子上学要花钱呢。孩子受不到好的教育，我可不负责。"有的妻子会这样威胁自己的丈夫。还会加上一句"我是在为咱家的未来担心"。并且，不认为自己是出于"向死而生"的倾向所说的话。

"你喝这么多啤酒，不会感到担心吗？邻居可是花钱给孩子重新装修了房间呢……喝啤酒也没有关系，但是不考虑以后的事的话……"有的妻子一边这样威胁丈夫，一边觉得自己是优秀的妻子。

也有因为要求得不到满足而愤怒的父亲，会强调："我是为了这个家，思虑太多，才会这样的！"

情感暴力的加害者意识不到自己的暴力行为

猫和老鼠是天敌。有的猫不喜欢一次性杀死老鼠，而是会以捉弄老鼠为乐趣。人和人之间也存在这种类似的关系。这样的猫和其他猫一般不能愉快地玩耍。同样的，有"向死而生"情结的人也没有亲近的朋友。

猫会将老鼠玩弄至死。在卡伦·霍妮有关虐爱的讲义中，也有女人将男人玩弄至死的例子。

"幸福的人不追求刺激和兴奋。" ①

问题是，情感暴力的加害者并没有意识到这个问题。

没有意识到自己正在拒人于千里之外，对别人赶尽杀绝。伤害都是在无意识中进行的。

戴着善意的假面，让对方背负上负罪感。情感暴力的加害者对别人造成的伤害、虐待、操纵、设下的圈套，他们自己都没有意识到。自认为是成功的好人，受害者却在无意识中被逼得走投无路。

"猫将老鼠玩弄至死"，有些人会觉得是少数恶人的行为。但其实，捉弄幼小的孩子的父母大有人在，他们就是"将老鼠玩弄至死的猫"。

英语中，也有"被猫玩死的老鼠"一说，就是"和他玩猫鼠游戏（play cat-and-mouse with him）"。

喜欢逗弄闹别扭的孩子、逗弄正在生气的孩子的大人正是在和孩子玩这种"猫鼠游戏"。只是他们没有意识到自己是情感暴力的加害者。

我们身边有很多隐藏起来的施虐者，而且他们都戴着善意的假面，伪装成善良的人。这样的人都会是情感暴力的加害者。

---

① 卡伦·霍妮，《未知的卡伦·霍妮》，耶鲁大学出版社，2000 年，第 30 页。

而且，被猫咪玩弄至死的老鼠并没有意识到自己被玩弄了。同样的，情感暴力的受害者明明被玩弄至死，有时还会反过来感谢情感暴力的加害者。被玩弄长大的孩子，有时还会感谢自己的父母，就是这种情况。

第四章

无法自立的灵魂：受害者的内心世界

为什么没法对情感暴力提起抗议？

由于情感暴力是基于道德而对对方做出的指责，被指责的人往往没办法对被指责的内容做出抗议。被要求做什么事却无法做到，没有做这件事的勇气。这时候，被指责说："为什么你不像×××那样有勇气呢？"让做不到这件事的人背负上负罪感。

勇气是无法否定的美德。执行力也是无法否定的美德。所以，没办法对此提出抗议。

"×××就很善解人意，可是你……"被这样说的话，善解人意就是一种无法反驳的美德。

被这样的情感暴力控制，就会渐渐陷入"没有人认可我"的绝望之中。

但是，**被人认同是人最基本的需求**，这种要求永远不会消失。

这样的话，渴望被认可的人就会抓住任何一件小事希望得到认同，同时害怕任何微小的失败。

美国的心理学家菲利普·津巴多所说的，害羞的人害怕失败的原因正在于此。如果这个害羞的人的母亲还正好是宗教裁判官的话，那么这个害羞的人有很大可能会受到情感暴力。

受到精神暴力伤害的人，无法表现出愤怒，只能消沉下去。所以，"为什么容易害羞的人更容易得抑郁症"这一点就很容易理解了。

被情感暴力深深伤害过的人非常重视身边的人，非常重视身边的人是因为非常重视周围的人如何看待自己。所以，更容易被人愚弄。

对情感暴力无法提出抗议，这件事意义重大。被情感暴力的加害者影响的人，会变成无法倾诉的人。

也就是说，**受到情感暴力伤害的人会失去自我**。被人认可会变得尤为重要。被情感暴力深深伤害过的人对于任何一件小事都变得不会倾诉。一般人看来"说出来不就好了吗"的事情，他们就是说不出来。

因为他从小就被培养成了不会诉说自己的愿望、要求的人。这正是道德绑架、道德束缚的恐怖之处。

因为什么也说不出来，所以心底累积的憎恨是常人难以想象的。无意识被憎恨操控着的人，没办法和别人亲近。

正如奥地利精神科医师沃尔夫所说，人会自然地受到他人潜意识的影响，所以，周围的人不会从心底想要和这样的人亲近。同时，自己心中的憎恨会被外化，对周围的人产生恐惧。这大概是对人恐惧症的原因之一。

总之，如果把愤怒或憎恨表现出来的话，一定程度上是可以控制的。但是，不表现出来而一直积压在心底，总有一天会到达无法控制的地步。这种无意识的憎恨爆发出来的时候，就会变成"尽可能地杀掉所有人"的心理。

不讲理地夺走你生存的能量

从情感暴力的加害者那里收到的愤怒或憎恨，你没有办法发泄出去，因为那是基于道德的绑架和束缚。

工作上，遭遇性骚扰，可以对上司表达愤怒。但是，情感暴力的加害者所说的话都是站在道德制高点上，你无法轻易表示愤怒或憎恶。

这就是为什么受到情感暴力的人总处于弱势。

受到情感暴力的人心中总是燃烧着愤怒的火焰，但是他本人对此并没有察觉。

他会表现出无精打采、气馁、充满偏见、焦虑、不愿意出门、觉得生活没有乐趣等症状。这样一个阴暗的、不惹人喜欢的人，他生存的能量也会渐渐消失。

除此之外，这种人还会非常在意细节，任何一点小事都会让他内心波涛汹涌。别人随便说说的话也会对他造成伤害。说的人可能只是随口一说，但是他就会牢牢记住，10 年甚至 20 年都被那句话困扰。

种种迹象都表明，他的生活能量在逐步消耗殆尽。因为没有生活的能量，所以一点小事都特别在意。有生存能量的人，别人随便说说的话，自己也不会感到困扰。生存的能量来自于人与人的接触、人与人的交往，因为失去能量而足不出户，就更加断掉了能量的来源。生存的能量来自于人际交往，而情感暴力的受害者最终会失去能量的来源。

无法发泄的愤怒，让你的灵魂越来越小

灵魂变得越来越小是什么意思？

如上所述，当你把别人看得越来越重要，当你把别人的认可、看法当作头等大事，你就把自己缩小到一个角落里去，越来越无法说出自己的主张，无法表达自己的情感，从而失去了爱的能力。

没有什么比情感暴力更影响灵魂的自立了。灵魂如果无法自立，就无法在社会上独立生存下去。

因为缺少灵魂的自立，而遭受挫折的人很多。无论在职场、家庭还是社会中，灵魂的自立都非常重要。

如果小时候经常受到情感暴力，你的灵魂就很难自立。无论是不是胆小鬼，虚荣心都会特别强，愤怒也会变得特别强烈。但是，不紧紧抓住别人就无法生存，所以愤怒不能直接表现出来。

这样的话，就更加不知道如何是好。随着长大成人，心中的愤怒火焰也会越烧越旺。

你的外表看起来也许温和谦卑，内心中实际充满愤怒，燃烧着愤怒的火焰，同时还被悲伤的大雨所覆盖。

像受到性骚扰那样有发泄对象的话，至少灵魂不会变得弱小。与之对抗，可以成为一种锻炼，学会忍耐也是对灵魂的一种磨炼。

但是一旦失去对抗的能力，遵守美德对于情绪尚未成熟的人来说是一件痛苦的事。不嫉妒是一种美德。嫉妒的时候被要求遵从美德，意味着去抑制自己的嫉妒心。这是一件十分消耗能量的事。

而失去能量的话，嫉妒心会越来越旺盛。这样就变成一种恶性循环，又不得不去克制。

"明明是个男的，竟然这么爱吃醋。"被这样的情感暴力约束的话，只能自我克制。因此，会消耗大量的能量。渐渐失去生存的能量后，你就会把很小的事情看得很大，一些不值得嫉妒的事情也会变得难以忍受。

"我不应该嫉妒"被称作"应该"的暴君所掌控。而情感暴力的加害者会更加嘲笑你"一点小事都介意"。

就这样无意识中慢慢累积抑郁。被情感暴力的加害者纠缠住的人，不可能还神采奕奕，只可能闷闷不乐。

我明明是受害者，却得不到理解

被有情感暴力倾向的人纠缠上的话，最可怕的就是失去生存的能量，认为"活着没有意思"。

"你就是个一无是处的人。"如果一个人得到这样的评价，也许还会和对方争论，但如果被评价"你是个有罪的人"，你要怎么和他争论呢？你会失去对事物的兴趣，变得意志消沉。夺走生活的能量的事物有很多，其中重要的一项就是情感暴力，它让你从内心开始腐坏。即使想努力改变，也无法重铸内心，甚至无法生出"加油"的想法。总是被"就算努力了，也改变不了什么"的想法控制。无法体会对一般人来说是快乐的事。所有事都变得无趣。

失去了生存的能量的话，就算被劝导"要正面思考"也只能自己痛苦，会认为"正面思考有什么用"。然后，对情感暴力的加害者从内心开始抗拒。但是，这时通常是无意识的。

失去了生存的能量的人无法反抗情感暴力的加害者所说的话。从小的时候开始，身边就都是"优秀的人"，对讨厌的事也必须强颜欢笑，心底却对所有事都感到无望。这是因为对自己来讲重要的人是情感暴力的加害者。

妻子失去了生存的能量，大概就是因为丈夫是情感暴力的加害者，而妻子对此已经无法忍受。

不仅是夫妻之间，父母与孩子间也是一样。

父亲总是怀有敌意，孩子就会渐渐显现出抑郁的症状。于是，父亲会责备孩子"不要露出那种讨人嫌的脸""从早上开始就闷闷不乐的，想要干吗""你总是负面思考，这样可不行"。

这样长期受到情感暴力的人，不会因为外边的一点鼓励而恢复。"受伤的大脑永远无法恢复"，有些生物学者曾这样断言。

但是，由于孩子在物质上的条件并不恶劣，他就会被人说成任性的人、不会忍耐的人、无法适应社会的人。但是，被情感暴力刺伤的心不是简简单单就能愈合的。

周围的人会觉得"为什么你那么富有，还闷闷不乐的？"于是，都觉得你生性阴暗、惹人讨厌。

一般人都会躲避一直阴沉着脸的人，不愿意与这样的人交往。

无论物质条件多么丰富，外面的世界多么精彩，情感暴力的受害者都无法从不愉快的心情中脱身出来。他就像是进入了心理上的监狱，灵魂被锁进了牢房之中，这种伤害很难被世人理解。

卡伦·霍妮在解释虐爱时说："她对人生充满不满。因为她所有的期待都没有达成。她有所有被称作幸福的东西。安全、家、有奉献精神的丈夫，但是，她因为心理原因（inner reasons）没有办法变得快乐起来。" ①

纠缠不休的伤害，绝对不会放过对方

有的人会标榜自己的和善，这其实是在榨取对方。

而"像毒药一样的人"往往没有意识到自己是有毒的，甚至有人从内心认为自己是善良的人，所以才更可怕，就像毒蛇以为自己是草药而来亲近人一样。

没有自我的人，会把别人卷入进来解决自己的内心问题。

这种人是什么样的呢？

比如说，总是强调自己受到了伤害，强调为了你他才有这般遭遇，或者是，自己明明没有拜托他这么做，却在事后说"都是为了你才做的"，或者不这么说而只是用态度表达出来。

---

① 卡伦·霍妮，《未知的卡伦·霍妮》，耶鲁大学出版社，2000 年，第 127 页。

用"都是因为你""被你害惨了"这种话将自己放在受害者的位置来责备对方。这样的人常常用自我牺牲精神这样的美德去责备对方，以此来达到让自己心安的目的。无意识的攻击性间接地表达出来。"把别人卷入进来，解决自己内心问题的人"会让别人变得闷闷不乐。他们绝对不会自己放手。如果对方离开了，他就没有可以伤害的人了，自己心中的问题也就没办法解决了。

这样的人表面上在卖惨，实际上却是在榨取别人。一边卖惨，一边攻击对方。这就是难以判断的防御性攻击，想要从对方身上"索取"，却将目的隐藏起来。

有句话说"患有综合失调症的母亲需要孩子也患综合失调症"，正好可以解释这个问题。母亲通过伤害孩子来寻求内心的安定。如果不伤害孩子，母亲的内心就会变得扭曲。

但是，孩子并不是唯一的受害者。邻居、丈夫都可能成为她的目标。

以恩人自居，是一种强行付出爱的行为

另外一种把别人卷入进来解决自己内心问题的人，就是那种爱以恩人自居的人。

自己想要苹果，但是绝对不会说"我想要苹果"，而是等着对方说"可以帮我把苹果吃了吗"。于是，他就可以说："既然你这么说了，我就帮你吃了吧。"然后，吃掉对方的苹果。

有的妻子喜欢对丈夫说："这是我大费周章特意为你做的晚饭。"如果丈夫回答说："我和孩子的一样就行。"妻子心中会觉得无趣。这样的妻子大多并不喜欢做饭。

人在没有付出努力的时候，更容易以恩人自居。以恩人自居，是为了保护自己的地位。就算只是洗了一只手帕，也会炫耀说："我今天帮你洗了手绢。"对方总有一天会忍受不了。

自我牺牲型的女性会喜欢说："每天都为你做了那些事。"这样的人对男人来说太过沉重。自我牺牲型的人看上去总是在付出，其实是十分狡猾的人。

弗瑞达·弗罗姆－瑞茨曼说："自我牺牲型的献身是重度

依赖心理的表现。"

这种人常常自以为很努力，却会遭到别人的嫌弃。这种时候，他们就会寻找可能会成为情感暴力的受害者的人。

榨取和被榨取的关系不会简单地被破坏

有朋友生病了，你去医院探望他。你直接或间接地和他说："我今天发烧了，但是还是担心你，所以来看望你了。"如果对方不对此表示感谢，你就会心生埋怨。

这种情形就是一种过度的盛情，而过度的盛情大多是在强行灌输爱。

以恩人自居的行为也是一种撒娇行为。有的父母常以恩人自居，结果孩子就像生活在地狱中一样。父母向孩子撒娇的行为，就是波尔比所说的**"亲子职责逆转"**。

这样的父母没有生存的能量。作为父母，如果能够自我实现、自我满足，就不会在孩子面前以恩人自居。

喜欢以恩人自居的人大多是贪得无厌的人。一般人会觉得，以恩人自居是件令人感到十分害羞的事。但是，孩子没有足够的能力去辨别这件事情。所以，很容易变为情感暴力的受害者。

为了得到感谢而做的事，只会让对方感觉不愉快。无论如何，喜欢以恩人自居的人是榨取型的人，那么什么样的人会被榨取呢？

会变成榨取目标的人，大多是那种违背自己的意愿去顺从别人却还心怀感恩的人。比如，你不想吃苹果，对方却一定要你吃掉它，你迫不得已吃掉，还对对方感恩戴德。

这种人做好料理给对方吃的时候，会胆怯地说："你可能不愿意吃，可能不是很合你的口味。"过分谦卑，会磨磨叽叽地说"愿意吃的话，我会很高兴的，不过做得不好吃"。把对方当成大老爷一样伺候。这种时候榨取与被榨取的关系就确立了。

把对方当成大老爷伺候并没有什么不好，只是对方如果是榨取型的人的话，一次被当作大老爷般伺候了，有朝一日不能享受这样的待遇，就会感到不满。一旦榨取和被榨取的关系确立了，就不会简单地被破坏。

如果心理健康的人被这样对待，他们一般会说："别说这种话，谢谢你做了这么丰盛的一餐。"

让对方感到不安并趁机而入

为什么心理有问题的人面对想吃的东西不会直接说想吃，而是要让对方拜托自己吃呢？

一个原因是，他因感觉不到自我价值而痛苦，强烈需要别人的感谢。这里说的"感觉不到自我价值"一般是指，无法判断自己对对方来说是否重要。

这种人还常常伴有憎恨和无力感，觉得自己的能力没有得到认可。

感受不到自我价值的人一般都会觉得，自己不是对方想要的人。比如，自己的衣服上全是泥，擦得锃亮的地板上有一张漂亮的桌子，桌子上放着美味的蛋糕。他很想吃，但是又不想把地板和桌子弄脏。这时候他就会说"你非要让我吃的话，我就吃吧"，因为这样弄脏了地板或是桌子也可以解释为"是你非让我吃的"。

喜欢让别人感恩的人，实际上什么也没有为对方做。只是用让对方感恩的办法束缚对方。也就是说，他们其实是在榨取对方。喜欢以恩人自居的人最讨厌的就是别人向他兜售恩德。

拨弄是非的人也是如此。明明是自己让对方陷入不安，却假惺惺地说要帮你解决困难。然后，要求对方对此感恩。就像是，自己点燃一把大火，然后自己再去灭火，却要求别人对他灭火的行为表示感恩。又像是吸食别人的血，把吸走的血和这个人分享，然后要求对方感恩一样。

自己在背后说某人的坏话，然后对那个人说"关于你的谣言被传得沸沸扬扬"。当那个人感到不安的时候，又乘胜追击地说"我去帮你解决"。最后，让那个人对自己感恩，并提出其他要求。

心怀憎恨却只能沉默的心理

喜欢拨弄是非的人，常常是自己让对方陷入不安，然后对对方说"我来保护你"的人，是那种和某个人说其他人的坏话，让这个人和其他人之间生出嫌隙，然后对这个人说"我永远站在你这边"的人。

他们会首先让猎物和周围的人感情破裂，让他处于孤立状态，以此达到自己的目的。

心怀恨意的女人和对自己的学历感到自卑的男人确立恋爱关系。女人总是和男友说一些她的高学历朋友的事情来刺激男友。男友虽然受到伤害，但是没有办法说我讨厌你这样的女人，没办法因此对她怀有恨意，只能默默忍受。

男人也用一些手段刺激女友的自卑感。结果，约会的氛围就变得很冷淡。这种时候，这个女人说"我们两个一见面，就会变成这样"。这种语言就是喜欢拨弄是非的人爱说的话。

明明是自己先让对方感到不快，却把约会变得不愉快的原因嫁祸给对方。男方会渐渐觉得"是自己不好"。其实，既然说这种话的话，不要见面不就好了。

有些女人会先让男生难堪，把气氛弄糟，然后对对方说"你总是臭着一张脸"，把责任嫁祸给对方。然后，再找一些好听的话哄对方开心，让对方感谢自己的包容。

这样的女人是有心理问题的拨弄是非者。当然，这种事情男女对调也是成立的。并不是说只有女人才是毒蘑菇，男人也可以是毒蘑菇。喜欢拨弄是非的男人也有很多。

拨弄是非的典型案例存在于亲子之间。患有神经症的父母养育的孩子，心理上也很容易出现问题。

对心理上出现问题的孩子，父母却责备说："为什么你和别人家的孩子不一样，这么奇怪。别人家的孩子都懂得忍耐，你一点忍耐都学不会。"其实，孩子之所以不会忍耐，是因为没能够在充满爱的环境下长大。

面对有毒的人，你该怎么做？

拨弄是非的人会夸张地说"这样下去就糟了，这样下去可就不好办了"，以此来威胁对方。

发现一个针孔大小的洞也会夸张地说"要发大水了"来恐吓对方。当对方感到不安时，就让对方紧紧抓住自己，或者等着对方向自己求助。然后，假装善意地为对方出谋划策。又或者告诫对方"不要再和×××来往比较好"。

如果听从他的告诫，不再和别人来往，就会变成独自一人。这时如果因为孤独而感到恐惧，就只能仅仅抓住拨弄是非的人不放了。

这样受到威胁的人，一般都是害怕孤独，没有办法一个人行动的人。所以，才会变成搬弄是非者的牺牲品。母亲和孩子间也有这样的情况。

"这样下去会得零分的哟。"母亲这样威胁孩子。

"这可怎么办啊。"拿一副为难的表情来威胁孩子。

像这样会威胁孩子的母亲，其实什么也没为孩子做。

如果母亲为孩子做了一桌丰盛的晚餐，然后对孩子说"这样下去会得零分的哟"，这时候这样的话不会变成威胁。孩子会反抗说"零分就零分呗"。因为母亲总是在为孩子付出，母子之间已经建立了信赖关系。"没有反抗期的孩子，没有信赖感"的意思即在此。

有自杀倾向的孩子的母亲，一般都会威胁孩子。反抗父母而离家出走的孩子，尚有救回的可能。

为了还没发生的事而吵闹的人，一般都不是在为对方着想，而是在为自己的利益而吵闹。也就是说，想用"这样会着大火的"这种话去威胁对方。

一般会威胁别人的人都喜欢华丽的东西，支配欲强，而且很狡猾。所以，一点点小事也要让对方觉得是天大的事。

"如果着火了，要怎么办？"会这样问的人，就是弗洛姆所说的接受型的人，接受型的人容易被情感暴力的加害者当成榨取的对象。

耗尽自己的人会像傻瓜一样工作。接受型的人会变成情感暴力的受害者，榨取型的人会变成情感暴力的加害者。

那么，如何对付这样"有毒的人"呢？

要想着战胜他们，而不是输给他们。真正的胜利就是让自己每天都过得很开心，为此就要用心生活。

另外，分辨对方是否有心理问题也很重要。有心理问题的人一般不会做出学习的姿态。

在社会上，总会遇到一些并不想遇到的人，要读一些并不想读的书，做一些并不想做的事情。

就算遇到自己不想做的事，不想读的书，心理健康的人也能以学习的心态面对，去思考从中能学到什么。他们有一种从自然中、从动物身上也去发掘、学习的态度。而心理有问题的人首先会抱有批判的态度，以此来保护自己。

为了受到感谢而煽动不安的情绪

有些人喜欢煽动不安的情绪。他们遇事，常会说"出大事儿了"。实际上，事情绝对没有他说的那么严重。本来不是什么大事，他却会说得跟出了天大的事一样，煽动对方的不安情绪。之所以如此，一方面是因为他对周围的世界怀有恨意，一方面是为了得到对方的感谢。喜欢煽动对方不安情绪的人，是因感觉不到自我价值而苦恼的人。所以，无论什么都想破坏掉。感觉不到自我价值的人，会想要做点什么来向别人证明自己的价值。

所以，无论多小的事情，都会夸张成"我为了你做了那么多事情"。然后，要求得到与他做的事不相称的感谢。

反之，如果遭受到什么伤害，就算是一点点微不足道的伤害，也会夸张成天大的伤害。夸张成"就算这样，为了你我都忍受过来了"。这也是在向对方索要感谢。

喜欢拨弄是非的人也是如此。自己煽风点火，自己再去灭火，然后吵嚷着说"我帮你把火扑灭了"。本来就是为了灭火而去点火的，却把点火的事嫁祸到别人身上。

自己绝对没有点火，一开始的状况就是着火的状况。然后，说成"为了你，我用一己之力将火扑灭了"，这样的人是想要兜售自己的功劳。

欺负别人来治愈自己的心理问题

情感暴力的加害者常常是有很多怪癖的人。

有怪癖是指防御心强、不坦率等。

要小心这样的人。虽然他们看上去很和气，但是绝对不能掉以轻心，稍不小心就会踩到地雷。对这样的人，不能说的话有很多，因为他们充满敌意。就算一起工作生活，他们心中其实也非常抵触。

情感暴力的加害者也常常有很多执拗的人。

他们的心里隐藏着敌意。如果这样的人是医生、父母、律师、老师的话，就很容易将他们的情感暴力行为合理化。

一对夫妻离婚后起了争执，一方通过努力过上了平静的日子，另一方生活放荡，因为男女关系让自己的生活陷入了困境。

这时候心理充满敌意的律师找到他。

"两个人的生活差距实在是太大了，这样不公平。"

戴着正义假面的律师对他说。律师声称要帮他讨回公道，实际上却是对他施加各种压力，进而从心理上伤害他。

表面上声张的事情和心里想的事情正好相反。心中隐藏着敌意的人，常常以爱或正义的名义，行伤害之实，以此来消解自己心中的恨意。但是，被他伤害的人总有一天会受不了，心理错乱。这就是情感暴力的加害者和情感暴力的受害者间的关系。也就是说，精神暴力的加害者其实应该直面自己心中的问题，然后努力解决它。然而，他们却试图用伤害别人的方式解决自己内心的问题。

"都是我不好"是一种受害者心理

我曾经遇到过一个案例。

一位已婚的女性，丈夫常常向她发脾气，大女儿也总是反抗她。而这位女性却把原因归咎于"可能是我的说话方式不好吧"。这种想法就是情感暴力受害者的想法。

她觉得活着很没意思。

在家也总是避免和大女儿碰面。大女儿早上到餐厅吃早饭，她都会"离开房间一会儿"。尽量让两人的距离保持在伸手能碰触到的距离以外。

她的丈夫会对她说："你可能要到快要冻死的时候，才能意识到自己是多么失败的女人。"

被这样说，她是怎么想的呢？她觉得"是我让丈夫觉得我是这样一个人的"。

我们接下来会谈到，情感暴力的受害者不管被说了怎样过分的话，都会觉得"加害者说的话是正确的"。

对于如此伤害她的丈夫，她是怎么评价的呢？她觉得"丈夫是一个稳重的人"，"我和他的成长环境不同，我们完全是两种人"。

"我和那个人是两种人。"这正是长时间受到情感暴力影响的人的思想特征。他们真心这样认为。"那个人"可以是父母、可以是丈夫或妻子，或者其他任何人。

非抑制型人的神经过敏表现为，把所有的责任都推到别人身上。抑制型人的神经过敏，表现为把所有的责任都揽到自己身上。心理健康的人不会像这两种人这么极端。

案例中的这个已婚女人从出生就没有父母，被寄养在几个亲戚家，曾经受到过寄养家庭的虐待。时间最长的一次，从早上被打到晚上。18 岁的时候，她选择离家出走。

在上厕所的时候，门总是会突然被打开，在洗澡的时候也要开着门，她很讨厌这种行为。对此，她说："都是我太任性了。"

这就和她对丈夫的想法一样，"是我的行为使他这样说的"。

无论被怎样对待，被说了多么过分的话，也会觉得"对方说的话是正确的"。然后，觉得自己是一个"不知道感谢的人"，自我否定。

她被寄养在祖父家的时候，总是会被说"都是你不好"，还曾因为走路太快而被殴打。

祖父常常让她去见她的母亲，但是她的母亲只让她称呼自己为姐姐。祖母经常对她说："你就是个被抛弃的人。"

她说："我就是个多余的存在。"

不管是语言上还是行动上，所有人都在告诉她："没有你就好了。"

"对别人来说，我就是个麻烦。"她一直这么想。

"如果能早点死就好了，真的想快点死掉。"她说。

有一次她对朋友说："非常讨厌自己的寄养家庭。"朋友却说："好歹把你养育成人了。"对于她来说，身边的人已经都是情感暴力的加害者了。

身在地狱也是自己的错？

就算被这样虐待，也没有人能理解自己。这就和生活在地狱中没什么差别。这位女性受到了从攻击型人格的暴力虐待到迎合型人格的情感虐待，已经遍体鳞伤。

情感暴力的受害者的身边会不知不觉聚集情感暴力的加害者。

《情感暴力》一书的作者玛丽·弗朗斯·伊里戈扬讲到过一个例子。

有个人常常被说："你就是傻瓜，什么都不会做，对社会来说，没有一点用处，不如早点死了算了。"然而，这个人"竟然没有意识到这是一种严重的语言暴力，还觉得对方说的话是对的"。

这种人认为，生活在地狱里完全是自己的错。

为什么会变成这样呢？

这是因为这种人从小开始就一直被人灌输他是一个"多余的存在"。与那些从小就被母亲呵护，告诉他"你的存在是我的快乐"的人有根本性的不同。

反之，将别人推入地狱却并不觉得是自己的过错的人，就是情感暴力的加害者。

情感暴力的加害者与被害者的关系，就像邪教集团中教主与信徒的关系一样。

为了掩盖真实而说的话

伊索寓言里有一则烧炭人的故事。

烧炭人一边工作一边观察他的邻居。他看到邻居在晒羊毛，就走过去和邻居说："不如我们一起住吧，那样我们就只需要一栋房子，还更便宜。"但是他的邻居回答他说："我不能和你一起住，一起住的话，我好不容易晒好的洁白的羊毛会被你烧的炭灰染黑的。"

总有人会对那些受到虐待而自杀的人说："为什么不和周围的人倾诉呢？"那是因为，周围的人本质上都不是和善的人，他们嘴上可能说着"好好相处"，但实际上做的事却会给对方造成伤害。

有位丈夫经常欺骗妻子，指使妻子做这做那。因此，他的妻子总是心怀不满。但是，她又不想和丈夫离婚。所以，不能直接对丈夫表现出攻击性。

于是，她攻击的对象就转向孩子的老师或者邻居。而身为纠纷最核心的原因的丈夫，却总是对别人说"我想和大家和睦相处"。然后，所有人都觉得这位丈夫是个好人。

之前也提到，在传播学中有两种语言形式，即语言信息和非语言信息。当语言信息和非语言信息矛盾的时候，真相往往隐藏在非语言信息之中。语言是一种表达手段，同时也会变成一种隐藏自己真实意图的手段。

语言信息和非语言信息的矛盾，会在孩子心里留下深刻的阴影，会让小孩迷惑。当他分不清现实世界的真相的时候，就会渐渐陷入一个人的世界。

"在无所适从的'迷'一样的信息环境中，敏感的孩子会一直处在不知所措的状态，结果就是封闭自己的内心，或是在语言上、形式上迎合别人——这也是自闭的一种表现，或是会养成某种异常的生活态度。"①

表情、说话时的音调、姿势等都被称为非语言信息。非语言信息中无意识的部分占了绝大多数。这种无意识的表现是没

---

① 井村恒朗，木户幸圣，《异常心理学讲座·第九期"沟通病理"》，三铃书房，1976 年，第 257 页。

法隐藏的。但是，心理有问题的人却看不出来。情感暴力的受害者就是典型代表。

情感暴力的加害者的言语信息和非言语信息中一定充满矛盾。心理健康的人会对此有所感应。比如，会自然地觉得"这个人很讨厌，难以相处"。

然而，情感暴力的受害者感觉不出这种矛盾，会对言语信息深信不疑。

言语信息很容易被掌控。情感暴力的受害者总是被道德的话语摆布。

一般来讲，就算对很小的孩子，和语言信息相比，非语言信息的影响都会更大。例如，只用道理去批评他们的时候，他们一般都不会听进去。

"和睦相处"只存在于对等的关系中

情感暴力的加害者所说的"和睦相处"，换句话说就是"想进一步拉拢"。情感暴力的加害者会像烧炭人一样，带着不可能和睦相处的条件，却对对方说"想要和睦相处"。

世间的人，常常容易相信这句话，然后变成"明明说要好好相处的"。

在社会上，我们常常被性质恶劣的人欺瞒。狡猾的人甚至连法官都能蒙混过去。语言信息在重要的裁判中，常常是情感暴力的加害者的一场独角戏。

如果是双方的共同努力，促成"和睦相处"的话，就没有问题。如果只是单方面地说"和睦相处"，那这个人必定是榨取方，是利用人的一方。

真正正直的人，不会只是嘴上说说，或是一时的态度的表现。"和睦相处"是在有事情发生时，才能显现出来的事情。

欺骗老人的诈骗犯，常常会说："有需要尽管和我说。"然后，从老人身上获利。而法官在判断的时候，常常认为说着"和睦相处"的人是好的一方，拒绝和别人"和睦相处"的一方是坏的一方。

亲切和善、和睦相处这样的话，在不同的状况下，意思全然不同。所以，我们需要思考："为什么他会说和睦相处呢？"这时，我们就要用心去看人。然后，再判断规则、道德、善良等等是否是其本身的价值体现。

我们从小就被告知"和睦相处、与人为善"是一种美德，被教育这种美德和场合、时间、人际关系等没有关系。

换句话说，不管在任何状况中，美德就是美德。然而，却没有人告诉我们，这种美德也是要分程度、分阶段、分场合的。

无论是什么样的规定，在这之前都要判断对方是好人还是坏人。在这判断之上，才应该是道德的体现。

当加害者说"和睦相处"，受害者说"不要"的时候，大家会认为拒绝的人是坏人。因为"和睦相处"是好事啊。

如果某个集体中都是狡猾的小人，不狡猾的人就会成为受害者。比如，在一个家庭中，除了孩子以外都是狡猾的人，不狡猾的孩子就会变成牺牲品。然后，这个孩子会渐渐习惯别人的狡猾对待。长大成人后，他对别人的利用也不会产生多大的反抗心理。

亲切和善并不总是好事

如果对方能承认你的独特之处，百合的话就是百合，蒲公英的话就是蒲公英，那么才是真正意义上的和睦相处。如果你是百合，而对方强制你做蒲公英，"和睦相处"就是不可能的事。

　　狡猾的人会说着"和睦相处"这种话来亲近你。如果你表现出不愿意的态度的话，对方会用"不愿意和睦相处吗"这样的话来进行情感恐吓。

　　因为对方说了"和睦相处"，而你说"不要"，那你就变成了坏人。但事实上，你遭到了情感恐吓。榨取型人喜欢挥舞着美德的大旗盗取别人的成果。如果被这样的人盯上，你就完了，无论如何，你要先从他们身边逃离。

　　帮助别人完成愿望才是真的善意。但是性质恶劣的人，只在和别人建立关系中表示出善意。诈骗犯只对寂寞的老人表示出善意。

　　不考虑实际情况而宣扬善意的行为是很奇怪的。榨取型人只有在要夺取什么的时候，才会表示善意，如果将钱借给了他们，从此就会被他们轻视。

　　榨取型人的要求会不断升级。如果按照他说的话去做了，后果将不堪设想。榨取型人总是在观察着自己的猎物。但是，被榨取的人却从来不认真观察对方。

　　情感暴力的受害者，常常会在应该警惕对方、怀有敌意的时候产生自责，在需要和对方保持距离的时候却觉得需要表示感谢，在一般人认为"不是自己的错"的情况下认为"是自己的错"。

相反，情感暴力的加害者，在应该自我反思的时候却会攻击对方，在需要表示感谢的时候怀有敌意，在应该觉得"是我的错"的时候认为"不是我的错"。

小时候道德教育的问题就在这里。**道德标准应该是在和对方的交往中慢慢去实践而产生的结果。这应该是所有道德标准的大前提。**无视和对方的关系，而要求"做人应如是"，在现实世界中就会被吃干抹净。

情感暴力的受害者也是现在社会道德教育的牺牲品。在社会上，总是主张善意的人大多是情感暴力的受害者。

有些人认为"我的东西就是我的东西，别人的东西就是别人的东西"。但是，也有些人被教育成"我的东西是大家的东西，别人的东西是别人的东西"。

有的人认为，自己应该为别人奉献、付出。有的人认为，别人应该为了自己奉献、付出。有自我肯定却否定他人的人，也有自我否定却肯定他人的人。

在对方的心里上一把"道德"的枷锁

"不信任别人是不好的"，这是一种道德标准。

骗人的人常常会标榜这种美德，而被道德灌输长大的人，不会去怀疑"为什么这个人总是说些漂亮的话"。

如果是被权力主义的父亲养大的孩子，不会去质疑别人，因为他从小就养成了"顺从依赖症"。

被不动产商欺骗而签了合同的人，如果律师对他说："旁边搬过来的人有可能是'诈骗犯'，也有可能是黑社会的，这些都不去考虑一下就表示善意吗？"他一定会感到震惊。就算对法官说："我一直相信他说的话。"只相信客观证据的法官也不会相信他。因为骗子会一个一个抹去欺骗的证据。

以顺从为美德的人，在别人说"请签了这个合同"的时候，很难拒绝。有"顺从依赖症"的人很容易上当受骗、被利用、被榨取。这样的人要学会逃跑的智慧。

但是，情感暴力的加害者常常不会轻易让对方逃走。他们会在对方的心里上一把"道德"的枷锁，来阻止对方逃走。从小习惯顺从的人不会逃跑。只要是为了帮助邻居，为了别人着想，让他们"签了这份合同"，大部分人都会乖乖听话。不会问"这个合同什么意思？"

这就是顺从依赖症。

而且人的心理是，一旦退让了，就认为那是应该做的，心中就会接受这个现实。

被骗的人是这样，骗人的人也是。一旦骗了对方，骗人的人在心里也会把自己的欺骗举动正当化。

"被骗的都是傻子。"他们会这样想。

"我没做任何违法的事情，就算到了法院也不会输，我这边才是有理有据。"就这样把自己做的事正当化。

一开始如果为他们做了 10 分，那么之后就会被要求做到 100 分，需求永远会上升。如果你只给他做了 50 分，对方还会表达不满。

顺从的伙伴没有责任感

情感暴力的受害者和情感暴力的加害者的关系中最恐怖的是什么？

一旦被认为"这个人很好骗"，就很难转换这个印象，就会一直被别人轻视和欺骗。

人一旦被轻视，就算性格改变了，也很难改变别人的印象。所以，**从一开始就不要被轻视是非常重要的事**。无论怎样都会被认为"这个人就是这样"。不管自己是否变得更好，也只会被认为"没什么大不了的人"。无论多么努力，对方都不会改变轻视你的态度。如果不再接受对方轻视的态度，对方还会因此生气。

有顺从依赖症的人，无法一个人生活在这个世界上。因为从小就被灌输"不能怀疑别人说的话"。其实，对他说这种话的人，一直在背地里做着什么坏事，而这个人又不希望自己的恶行被注意到罢了。

如果总是被母亲说"不可以玩"，那么，孩子就会因感到害怕而无法玩耍。这样的人长大成人后，也许可以外出工作，但是没有办法正常生活。

为什么强者要对弱者说"怀疑是不好的"？很大一部分原因是他在背地里做坏事，被怀疑了就麻烦了。而且，这样的人常常是自己不会信赖别人的人。因为被强者告诫要相信别人，所以弱者一般都会言听计从。

如果被告知"现在这个社会，乞丐才是最快乐的人"，他们就会相信乞丐是最快乐的人。有顺从依赖症的人不去思考，只会行动。顺从依赖症者被说"做这个"，就会顺从地去做，哪怕那是一件坏事。

有顺从依赖症的人，有时会被身边的人讨厌。因为他们只看得见权威主义者，其他的人、其他的事他们都无暇顾及。看不见周围的人、事、物，是顺从依赖症的特征。越是顺从，越是看不到身边的人。

心理有问题的父母会为了自己去抚养子女，这样孩子就变成了父母的工具。心理正常的母亲，会为了孩子能适应社会、能独立生存而养育孩子。

顺从的伙伴没有责任感。被骗的时候，会认为对方不好，而与自己无关。如果大家不能一起指责欺骗他的人的话，他会觉得"岂有此理"。

如果大家说他怎么会那么不小心，上当受骗，他就会感到愤怒，无法表达愤怒的时候，就会感到悲伤。越是顺从，就越容易被骗。情感暴力的受害者往往都很顺从。

除了伤害，就不会与人相处

情感暴力的加害者一旦认为对方是"会听从自己支配的人"，这种想法就不会改变。更可怕的是，情感暴力的加害者在心理上十分需要情感暴力的受害者。如果对方逃走了，他就会感到无法生活，所以无论如何也不会放手。

情感暴力的加害者除了伤害对方以外，就没有其他办法与对方相处。而且，内心还觉得自己是深爱对方的。

这样，情感暴力的受害者就会陷入无法形容的不满中。有个孩子称自己是"被蜘蛛网束缚无法逃生"的人。他画了一幅被妇人的链条紧紧拴住的狗的画，把自己形容为那条狗，而那个妇人摆出的正是情感暴力的加害者的姿态。

除了伤害别人，没有办法与人相处，这一点可能比较难以理解，我们用具体的例子说明一下。

有一位母亲来找我，想解决和 21 岁的女儿无论如何都无法好好相处的问题。

早上，母亲为女儿做了便当。女儿离开家的时候，对她说：

"谢谢，便当我拿走了。"讲话时，态度很疏远。母亲就会因此而暴怒："为什么用这种态度说话？"

虽然这样，母亲还是会为女儿做便当。但是，便当做好后，她会把自己锁在屋子里闹别扭。母亲觉得"女儿做什么她都不满意"。女儿觉得"母亲十分难相处"。

这种情况下，我无法对她提出什么建议。因为是不可能的事。

她会询问为什么和女儿不和这件事本身就很奇怪，但是她并没有意识到是她把自己锁进房间里的，是她创造了没有办法和睦相处的环境。也就是说，是她本人"不想和睦相处"，而嘴上却说成"想要和睦相处"。

她的愿望其实是矛盾的。她确实希望母女能"和睦相处"，但是在与女儿的关系中，这位母亲是孩子。如果不能理解这位母亲到底需要什么，就没办法解决这个矛盾。

这位母亲为什么会这个样子呢？

她从很小的时候就和自己的母亲分开了，一直寄宿在亲戚家。直到长大成人，一直没有人关心她是生是死。孩提时的愿望一直没有得到满足。

所以，她想在与女儿的关系中满足自己的这个愿望。如果她能够理解"自己现在和女儿的关系，是在满足小时候没有被满足的撒娇欲"的话，想法上也许会有转变，两人的关系就会有进步。

如果她能够理解，自己把自己锁在房间中的行为是在闹别扭的话，就是一种进步。她真正希望的是，当她把自己关在屋子里的时候，女儿能关心地问她："妈妈，你怎么了？"这正是一种孩子的行为。

这位母亲心地是善良的，她不会对女儿使用情感暴力。但是，她并不知道该如何与人相处。因为她从小就知道，没有人会让自己撒娇，没有人会宠溺自己。

她的这种心理状态，就是"除了伤害别人，没有办法与人相处"的状态。

有情感暴力倾向的父母，除了伤害孩子，就不会与孩子相处。因为他们无意识中充满了憎恨，不会与人相处，更不会与人交心。

实际上，对伤害孩子的父母来说，孩子是自己最最需要的人，他们其实最是依赖孩子。

家里所有人都在欺负一个孩子。这种时候，父母往往不是依赖帮助自己欺负孩子的人，而是最依赖他们所伤害的孩子。

情感暴力世界的构造就是如此复杂。

情感暴力的加害者是"孤独的自我陶醉者"

情感暴力的加害者心中总是怀有无名的愤怒，而这种愤怒只能通过伤害对方来发泄。他们最害怕的是对方逃离自己，因为自己心底对孤独永远有着无限的恐惧。

可以为对方做任何事，但是绝对禁止对方从他身边逃走，获得自由，这就是善意的施虐者。

情感暴力的加害者是自我陶醉型的人，自我陶醉的结果就是孤独。所以，他们强烈需要对方的爱，这种需要一般人可能无法想象。

对对方的刁难，其实也是要求爱的一种形式。这种要求的背后是对爱的渴求。

情感暴力的加害者无论如何也要束缚对方，不能让对方从自己身边逃离。但是，又希望自己在对方眼中是宽大的、自立的、有勇气的。生活在这样的矛盾中，他们只会变得越来越有防御性和攻击性，但对对方的伤害也不会直接表现出来。

不满意对方的态度的时候，不会直接说："你那是什么态度？不可原谅！"而是会软弱地问："你怎么了？"这其实是愤怒的间接表现。

"你怎么了？"这句话看起来是询问，但背后隐藏的信息却是刁难，是愤怒，同时隐藏的信息是："爱我吧！不要离开我！"

情感暴力的加害者有时会逼迫对方到想要自杀的程度。而他们还想从痛苦得想要自杀的对象身上得到爱。

为什么要维护嗜赌的丈夫？

想要看清情感暴力的加害者和情感暴力的受害者的关系，可以将嗜赌的丈夫和妻子间的关系作为参考。

有关赌博依赖症的著作[1]中提到，赌博依赖症者的伴侣，大多是父母中有酒精依赖症或赌博依赖症的人，或者是受过虐待的人。他们或者是心理有问题，或者是没有得到过父母的爱的人。[2]

而且，嗜赌的人善于将自己的过错推卸给伴侣。他的伴侣也善于接受他推卸过来的责任。这种能力是在他们孩童时期就

---

① 玛丽·海涅曼，《丢失你的衬衫》，海瑟顿出版社，2001 年。
② 同上，第 27 页。

已经靠自身学习而获得的。①

作者虽然说"伴侣并没有错",但是,大多数伴侣都会包庇对方的错误。而且,会把对方患赌博依赖症的原因归结在自己身上。

作者说:"不管他说什么,他的嗜赌都不是你的错。"② 但是,太多的嗜赌者的伴侣都在用过度的责任心照顾对方。

嗜赌的人在选择伴侣的时候非常小心。他们会避开自立、有自我主张、自我评价高的人。

他们选择的结婚对象一定是会照顾自己的人。因为,他们需要一个能够承担所有责任的"母亲"。妻子会不停地工作,不停地工作,成为他们的连带责任人。

她为了不让嗜赌的丈夫受到伤害,什么都会做。但是,为了自己,却什么也不做。她可能会先患上抑郁症,可能会先去看医生,开始需要服用安眠药才能入睡。

在和妻子的情感对决中,赌博依赖症的丈夫就像天才一样。他不会让妻子说出已经竭尽全力的话。反而,她会为了没能为丈夫做到的事而道歉。

结果,丈夫会把自己不能改变的原因归咎于妻子。而妻子

---

① 玛丽·海涅曼,《丢失你的衬衫》,海瑟顿出版社,2001年,第29页。
② 同上,第70页。

非常惧怕赌博依赖症的丈夫离开自己，因为她独自一人活不下去。

为了偿还丈夫欠下的赌债，她已经没有亲人或朋友可以依靠，已经变得孤立无援。

卡伦·霍妮在解释虐爱时说："他们会让伴侣变得孤立，让他们觉得拥有即是压力，将伴侣赶进完全的依赖状态中。"[①]

赌博依赖症者的妻子，意识不到自己的丈夫是病态的。反而认为，他是勇敢无畏的人。因为惧怕赌博依赖症的丈夫的反应，所以她不会去谈经济问题。在电话咨询中，她总是说："只要不谈经济问题，他就不会吵闹。"

无论是婚外情，还是赌博，无法直面问题、只会逃避的伴侣，对依赖症患者来说是最好的，但同时也会让依赖症持续恶化。

以上是有关赌博依赖症的著作中的一些说明。

其中，"赌博依赖症者的妻子，意识不到自己的丈夫是病态的"的说法，完全可以替换成"情感暴力的加害者的妻子，意识不到丈夫是有情感暴力倾向的"。

---

① 卡伦·霍妮，《未知的卡伦·霍妮》，耶鲁大学出版社，2000年，第126页。

第五章

为自己的人生负责

认真又软弱的受害者们

被周围的人利用的人没有错吗？

答案显然是否定的，被当成猎物的人也有问题。

英语里有个词语叫**"悲惨依赖症"**，意思是说，有些人必须让自己看起来活得很悲惨。

电话咨询中，经常有遭到丈夫的暴力对待或因为丈夫常常外遇而苦恼的女性打来的电话。她们是认真又努力的人，但是常年遭受着虐待，心里恨着丈夫却无法分开。

有些人虽然很认真，但是却软弱。

在和周围的关系中，常常是被责骂或被指使的一方。就算已经成年，也还总是受人欺负。

像那样经常被伤害的话，肯定会失去能量。失去能量，就会压抑自己的敌意。压抑自己的敌意，就更助长了别人的责骂和指使。这样就更加没有能量，从而陷入恶性循环。

总是被责骂、被指使的人，一直是在为了保护"现在的自己"而消耗能量。

他们对周围没有信赖感，所以更加为了保护自己而消耗能量。他们也没有自信，所以总是处在防御状态。这样的话，就算是正在被伤害，可能都不会注意到。

这样弱小的人的问题是，小的时候一直被告知："你最喜欢的东西就是这个。"然后，自己也很听话地认为，自己最喜欢的东西就是这个，但其实自己的心底并不喜欢。

总是被人利用却不会反抗的人，需要意识到，是因为自己以为喜欢的东西，其实并不喜欢，所以才没有办法反抗的，只**有意识到这一点，才能够慢慢变强。**

不会反抗，是因为没有自己的喜恶

不会反抗的人，没有自己的喜恶。他们从来没有感受过"这才是我自己"，没有为自己活过。如果真心想要那块蛋糕，就会去争取，但是"认真却软弱的人"一次也没有"我想要这个"

的时候。

一直被欺负的人，在回顾自己的人生时，会发现根本没有"真的活过"。

这种人表面上都是好人的样子，但是内心却是寂寞的、不满的，很容易被人影响。

比如，在聚会上，他总是一个人，从不主动找人搭话；如果有人过来和他说话，他就会向着那人飞奔而去。那些进入新兴宗教，从而引发社会问题的人就是这样，他们没有办法独自一人行走在世界上。

这种人没有自己的喜恶。**不知道自己到底喜欢什么，也不知道自己真正讨厌的人是谁。**"我讨厌那个人"，对他们来说没有这样的人。所以，他们需要意识到自己觉得"讨厌"的东西，可能实际上并不讨厌。

这种人没有自己的立场。情感暴力的受害者常常是害怕被讨厌的人、自卑感强烈的人、虚荣心强的人。

这样的人，在人前的样子和"真实的自己"判若两人。比起自己真正的需要，他们总是会优先面子上的事情。**太希望被人认可，以至于演绎出另一个自己。**

这张给人看的面具戴得久了，就会弄不清真正的自己的脸和面具的区别。这样的话，再努力也很难幸福。好像是在活着，可是好像又没在活着。

"哪里有点奇怪？"心底可能会泛起这种疑问，但是到底是哪里奇怪自己也搞不清楚。

小时候开始，就误以为"自己一定要变成这样"的人，像这样被教育长大的人，一定要**学着找到真正的自己**。成长过程中一直被灌输了错误的价值观的人，就算被别人排挤也没有关系，**重要的是要找到自己的意志**。

没有信赖关系，就无法拿出真感情

有这样一个离婚案件。

丈夫出轨了，和第三者同居。妻子独自住在家里。夫妻俩在一个避暑胜地有一幢别墅，丈夫和第三者现在住在里面。

她的丈夫对她说："把别墅的钥匙放到邮箱里来。"

她只要说"这个不能给你"就好了，因为别墅是属于她的。但是，她却说不出来，因为她不想遭人嫉恨。渐渐的，第三者和她的位置调换了。

其实，她不用解释什么，只要说"不行"就好了。但是，她就是无法与人发生争执。

总是唯唯诺诺的人，无法正面和别人发生冲突。

他们总是认为，与人对抗或者发起战斗会失去周围人的善意，而他们非常害怕失去这种善意。

要做好被人记恨的准备，然后正面战斗。不能消除自己心中恨意的人，是因为没有正面地去战斗。

会成为情感暴力的受害者的人，虽然特别气愤，却没有直接向对方发泄愤怒的能力。然后，这种气愤就会一直埋在心里，久久不散。

为什么会一直埋在心里？

因为没有办法将气愤的感觉倾诉出来，因为害怕发泄恨意会失去很多东西。

于是，一直怀有恨意，终有一天变成了充满恨意的人。变成充满恨意的人，就会讨厌所有身边的人。基本的要求、爱情的要求不被满足的人，常常会变成充满恨意的人。

他们的要求没有被满足的话，必然会对周围的人说"希望这样做，希望那样做"。当要求不能按照期待被满足的时候，就会感到受到了伤害，变得愤怒，最后演化为仇恨。在这个过程中，变得被周围的人讨厌。

虽然讨厌但还要维持人际关系，不能和讨厌的人共处，就没办法在社会中生存。人本来是互相信赖的，对于喜欢的人，可以表达出自己真实的情感。但是，对于讨厌的人，没有办法表达情感。

只有有信赖感，才能付出感情，喜欢对方的话就说。这样就不会有"喜欢但是又讨厌"这种矛盾的情绪了。

明明是最能赚钱的人，却没有话语权

前面讲到的邻里间的纷争。一方是狡猾的人，另一方是顺从型的人。在不断争斗的十年中，顺从型人的土地变得越来越狭小。狡猾的人一开始也没想到会进行得这么顺利。但是，只要"说说看"，对方就会让步。如果吵嚷起来，就更会退让。在这样的循环中，狡猾的人一步步将自己的领地扩大了。

边界一点点侵入自己的土地，对此顺从型的人没有站起来反抗，反而患上了神经焦虑症，住进了医院，而夺走别人土地的一方却没有生病。

这就是怯懦的可怕之处。这种人要学会正视自己的内心，重新在心中树立新的价值观。**与重新建立家庭相比，重新建立**

自己内心的价值观更为重要。如果不这么做的话，就算自己再努力赚钱，也会被别人都拿走。这就是被教育要顺从的人的悲剧。

我认识的一个人，在家中是最能赚钱的，但是却是家中唯一一个没有话语权的人。他无论赚多少钱，都会被狡猾的亲戚们拿走。

美国的心理学家大卫·西伯里曾说过："治疗的第一步，就是意识到自己给自身设定的否定性暗示。"①

战胜这种怯懦，才有可能有新的开始。现在，你正在对要做的事情感到怯懦。但是，现实中这件事并不可怕。你需要意识到，**只有和狡猾的人、榨取型人对抗、战斗，才能真正改变自己。**

人因为战斗而改变

人因战斗而改变。

这种战斗，也是摆脱心理虐待的一个机会。把遇到榨取型

---

① 大卫·西伯里，《问题可以解决》，三笠书房，1984 年，第 157 页。

人这件事，当作改变自己的一次机会，勇敢地战斗吧。

战斗可以帮你战胜内心的恐惧感。西伯里说："要和恐惧正面对抗。"要不停地暗示自己"我是不会被你打败的"。与其说"我是不会被你打败的"，不如说"我一定要打败你"。

人不知为何感到不安，能量被消耗的时候，一般是正在被恐惧打败的时候。可能是对要和人战斗而产生的恐惧感，也可能是为了接下来不得不战斗而产生的恐惧感。

顺从型的人总是满怀恐惧感。

"在实际事故发生之前，他心里就已经构建了一个不幸的雏形。"[1]

这就是顺从型人格的人不幸的原因。他们顺从的动机是恐惧。因为恐惧，他们对别人言听计从，而这进一步加剧了恐惧。

因为长时间活在恐惧里，所以他们已经不知道没有恐惧的感觉是什么样子的了。

因为心中常年都戴着一把枷锁，所以已经不知道，心里没有枷锁是什么样子的了。所以，他们不知道，除了对人言听计从以外，生活还有什么样的可能。西伯里说："健康状态不好，常常是意识中的否定形象所带来的结果。"[2]

---

① 大卫·西伯里，《问题可以解决》，三笠书房，1984 年，第 168 页。
② 同上，第 168 页。

顺从型人格的人**需要意识到自己意识中创造的否定形象，并从正面去消灭它。**自己心中的枷锁，要从正面去打开它。正是因为这把锁，自己才会在学校、在公司都受到别人的欺负。正是因为这把锁，自己才无法战斗。

和否定的过去说再见

想要消去否定的形象，就要先思考，为什么会有否定的形象。

可能是权威主义的父母，为了自己方便而给孩子强行灌输了顺从的思想。可能是小的时候，被灌输了"你就是个一无是处的人"的想法。

现在，你要首先意识到，自己正困于没有任何原因的自我否定中。

总是认为自己必须要顺从的人，在和榨取型人对峙的时候，会感到强烈的罪恶感，但其实是在强迫自己回避恐惧。"很多人，都会强迫自己回避恐惧。"

所谓的强迫就是"不得不那么做"。究其原因，也是因为小的时候心中就被锁上了一把枷锁，心中被灌输了"就算是不合理的事情，也不可违抗。"

意识到自己的恐惧没有任何原因，然后消除它。战斗正是最好的机会。和情感暴力的加害者对抗，是和过去的自己告别的机会。

和过去告别是困难的。因为小时候的人际关系创造了你现在的性格。

但是，正面对抗是让你从过去解脱出来的机会。一定要面对面地和榨取型人进行战斗。无论如何也要斩断你们之间的关系。

最恐怖的是"恐惧依赖症"

恐惧感中最成问题的是神经性恐惧。

对心理健康的人来说，恐惧感是生存的必要情绪。如果前面是悬崖峭壁，就要怀有恐惧感。如果面对的是会施加暴力的人，就要怀有恐惧感。为了生存，恐惧感是必不可少的。

有问题的是，对并不恐怖的事物产生恐惧感。想要骗你的人是坏人，但也不必因此对他心生恐惧。有问题的是，对没有必要感到恐惧的人产生了恐惧感。

然后，因此感到压力，身心都被消耗，可能会变成自律神经失调症，也可能连身体都垮掉。神经衰弱、抑郁症，这些都是神经性恐惧带来的问题。

西伯里说："对恐惧最初的反应是愤怒。"[1]

"面对威胁，能够站起来与之斗争的能量也来源于愤怒。"[2]

但是，神经性恐惧却会无意义地消耗能量。

最恐怖的是"恐惧依赖症"。

不管什么事，都会感到恐惧。不管是什么人，都会感到恐惧。患有对人恐惧症的人即是恐惧依赖症。没有什么比恐惧依赖症更可怕的事了。

首先，本人意识不到自己患上了恐惧依赖症。

患有酒精依赖症的人，周围的人会意识到"他有酒精依赖症"，并给他提出好的建议。但是，有恐惧依赖症的人不会被身边的人轻易发现。

西伯里说："变成习惯的恐惧感就和任性一样。"[3]

---

[1] 大卫·西伯里，《问题可以解决》，三笠书房，1984 年，第 173 页。

[2] 同上，第 173 页。

[3] 同上，第 173 页。

"过于激烈的行动，比什么都不做要好。面对困难，与激进的大胆行动相比，保守主义要危险得多。"①

激进的行动可能会在社会上引起问题。这一点虽说不是最理想的，但是什么都不做，这个人的恐惧感会增加，最后变成更加具有威胁性的人。

比什么都更为重要的是，消除自己心中的恐惧感。

美国有句俗语："看看乌龟吧，乌龟只在把头伸出来的时候才能前进。"②

把头藏在坚硬的龟壳中的时候，乌龟是无法前进的。只要**有自信和勇气，人就可以发挥自己的力量。伸出头来，才能消除恐惧。**

不管最后是否失败，"这样的人更有诚意，有活着的样子"，这才是正确的生活方式。

---

① 大卫·西伯里，《问题可以解决》，三笠书房，1984 年，第 37-38 页。
② 加藤谛三，《过度寻找"青鸟"的心理》，PHP 研究所，1995 年。

要明白，加害者没有爱的能力

情感暴力的加害者和受害者都对自身有很大的误解。

首先，说说情感暴力的加害者。

第一，他们误把自己的执着当作爱。

第二，他们误以为自己如果没有展示力量，就没办法保护自己，身边的人就不会重视自己。这和前面写到的坏学生的心理是一样的。但事实是，就算没有力量，只要是和善良的人一起生活，就会被重视、被照顾。

他们一直活在自己的幻想中，并没有为了自我实现而活着，所以会渴望力量。人只要自己幸福，就能带给周围的人幸福。"只要你幸福"，这种话是不符合逻辑的。只有让自己幸福，才有能力给对方幸福。

本来会说"只要你幸福"这种话的人，就不是会站在对方立场去考虑问题的人。他们不会去考虑，对方的心情到底是怎样的。也就是说，他们其实是对自己非常执着的人。他们没有爱的能力，也没有变得幸福的能力。这样不幸福的人成为施虐者，就会用别人的不幸来治愈自己。只要自己是不幸福的，就不可能带给别人幸福。不幸的人，还有可能变成情感暴力的加害者。

情感暴力的加害者的第三个重大的误会是，自己必须要变成别人口中理想的人。

但是，自己心里却明白，自己无法变成所谓的理想的人。为此，他会把这种"理想"强制灌输给比自己弱的人，以此来解决自己心中的问题。这种人口中的教育、鼓励、训练，其实都是在掩饰他们自身的绝望的借口。

受害者也会紧紧抓住加害者不放

就像情感暴力的加害者对自身有很多误解一样，情感暴力的受害者对自身也有很多误解。

卡伦·霍妮在谈到如何有效应对施虐者时写道："首先要分析自身的虐待倾向。"①

以赌博依赖症患者的妻子为例，妻子本人也有心理问题。在现代的伤害事件中，最容易被忽视的就是这一点。没有人去指出，在伤害事件中，最大的责任者有可能就是情感暴力的受

---

① 卡伦·霍妮，《未知的卡伦·霍妮》，耶鲁大学出版社，2000 年，第 132 页。

害者。①

卡伦·霍妮在谈论虐爱时总结道："施虐者是不幸的，而且会让别人也陷入不幸。有爱别人的能力的人是幸福的，而且能使别人也幸福。"

情感暴力的受害者最大的问题，就是有强烈的依赖心理。受害者在要离开强加给自己"理想"的加害者时，良心会受到谴责，会认为离开对方是一种罪恶。

确实，情感暴力的加害者会紧紧抓住受害者。但同时，受害者也会紧紧抓住加害者不放。

情感暴力的受害者必须要认识到，是自己在紧紧抓住情感暴力的加害者不愿放手。他们不愿意离开伤害他们的人，而不愿意离开的原因就是自己强烈的依赖心理。

对于有赌博依赖症的丈夫，她们会说："如果我走了，这个人就完了，他没有办法独自一人生活下去。"这种话不过是在**掩饰自己强烈的依赖心理和没有自我价值感的事实**罢了。一般的人被这样对待的话，肯定会选择离开。

总而言之，情感暴力加害者和情感暴力受害者之间的关系，是有着强烈的自我执着心理的人和有着强烈依赖心理的人之间

---

① 卡伦·霍妮，《未知的卡伦·霍妮》，耶鲁大学出版社，2000 年，第133页。

的扭曲的关系，是心理有问题的双方的自相残杀。

只要认清真实的自己，情感暴力的加害者就能改变现在的生活方向，情感暴力的受害者也能改变现在的人际关系。

情感暴力的受害者无论如何要先离开对方，断绝往来。自己正在受到伤害的事情可能无法被社会所理解，但是你要深信这件事，趁早逃离。

重新审视自己的内心世界

那么，情感暴力的受害者要回归到正常的心理世界中该怎么做呢？

前面提到了各种方法，这里再统一梳理一遍。

首先，你要重新审视自己的内心世界。

回顾自己成为今天这样忍受屈辱的状态的历史，找出原因。为什么自己无法轻松地、愉快地、明朗地、充满希望地活着？想一想自己从出生到变成现在这个模样，到底发生了什么？自己和父母间的关系是怎样的？是不是表面上看着互相敬爱，实际上却充满了憎恨呢？自己是怎样被操纵着长大的？是不是一直被父母的扭曲情感所控制？自己认为的善是什么，恶又是什么？父母是如何表达憎恨的？父母有没有通过夸大自己的付出来操控孩子？就像找工作时要递交简历一样，整理一份自己的心理历程吧。去好好回忆一下，那个时候自己内心是怎么想的。

其次，一旦意识到自己是情感暴力的受害者，无论对方是父母、兄弟姐妹、恋人、妻子或朋友，都先逃走再说，在空间和心理上都与对方保持距离。这时，就不要给自己找一些借口掩饰内心的依赖了，像为将来感到不安、为了孩子、不知道会遭到什么样的报复，这些只会牵制住你改变现状的脚步，让你停留在受害者的状态走不出来。

后　记
万千烦恼都有它的心理根源

很多人会因为各种各样的事而烦恼，并且会觉得烦恼的原因就是这件事情本身。

有一个人，为了牙齿不整齐而烦恼。上颚的牙齿只有两颗是没有蛀牙的，下颚的牙齿有五颗都是蛀牙。于是，他晚上睡不好觉，用安眠药和酒精来解除烦恼；白天觉得阳光会暴露自己丑的一面，把自己裹在被子里不愿见人。他以为，他的烦恼是牙齿引起的。

另一个人，因为牙齿的咬合和普通人的相反而苦恼。虽然通过外科手术已经矫正了这个问题，但每天还是很苦恼，连饭都吃不进去。这个人也觉得，自己吃不下饭的原因是牙的问题。

因为并不是身边的人，所以不知道这两个人为什么会这么烦恼，但烦恼的原因绝对不仅仅因为牙齿。

真正的原因可能是长时间与有情感暴力倾向的人接触，而被抽走了自身的能量。同样有蛀牙或牙齿咬合问题的人，可以很开心地生活。也就是说，烦恼有很多种，但是同一件事大家烦恼的原因却各不相同。

因为失去了生活的能量而变得抑郁，就会对一些微小的事情特别在意。

充满生活能量的人，遇到很大的问题也不一定会烦恼。卡伦·霍妮曾说过：绝望的土壤会生长出虐爱，而绝望是会传染的。

因为牙齿而烦恼的人，如果是在有问题的家庭中长大，那么他烦恼的真正原因可能并不是牙齿。也许他需要的并不是矫正牙齿，而是找到他被传染上绝望的原因。

序章中讲到，"人与人的关系，有时单纯，有时复杂"。

对外人、对自己都不表露本心，就会把人际关系搞得很复杂，从而引起麻烦。

很多母亲虽然也做好了孩子独立的准备，但是孩子真的要独立时，又会找出各种借口，比如居住环境不卫生、一个人住不安全、没车不方便、一个人不会好好吃饭，等等。比如，她们会做出不希望儿子总是住在家里的样子，催促说"差不多该独立了吧"。但是，内心非常希望孩子能一直留在自己身边。

这种复杂的情况常常是因为母亲自己感到寂寞，而形成的一种矛盾心理。当然父亲也可能和孩子有这样的关系。

　　这本书也和我之前出版过的其他书一样，都受到了大和书房的南晓副会长的关照。在此表示深深的感谢。